KB268482

조종사 교과서 2

- 자가용 조종사 기초 편

비행교육원 대비

조종사 교과서 2 - 자가용 조종사 기초 편

발행일   2018년 7월 6일

지은이   하 꿈 사
펴낸이   손 형 국
펴낸곳   (주)북랩
편집인   선일영   편집   권혁신, 오경진, 최승헌, 최예은, 김경무
디자인   이현수, 김민하, 한수희, 김윤주, 허지혜   제작   박기성, 황동현, 구성우, 정성배
마케팅   김회란, 박진관
출판등록   2004. 12. 1(제2012-000051호)
주소   서울시 금천구 가산디지털 1로 168, 우림라이온스밸리 B동 B113, 114호
홈페이지   www.book.co.kr
전화번호   (02)2026-5777   팩스   (02)2026-5747

ISBN   979-11-6299-212-8 14550 (종이책)   979-11-6299-213-5 15550 (전자책)
          979-11-5585-201-9 14550 (세트)

이 도서의 국립중앙도서관 출판예정도서목록(CIP)은 서지정보유통지원시스템 홈페이지(http://seoji.nl.go.kr)와
국가자료공동목록시스템(http://www.nl.go.kr/kolisnet)에서 이용하실 수 있습니다.
(CIP제어번호: CIP2018020226)

예비 조종사 필독서
비행교육원 대비
자가용 조종사 기초 편

조종사 교과서 2

하꿈사 지음

2018
항공사
입사시험 대비
기출문제
수록

북랩 book Lab

작은 기회로브터
위대한 업적이 시작된다

데모스테네스(Demosthenes, BC 384~322년)

울진비행교육원이 개교한 지 어느덧 5년이란 시간이 흘렀습니다. 많은 훈련생이 우수한 성적으로 교육원을 수료하고, 현재는 항공사의 부기장과 교관으로서 제 임무를 수행하고 있습니다.

부족한 조종사 수급을 위해 정부의 대대적인 지원을 바탕으로 울진공항에 개원한 울진비행교육원은 평범한 직장인부터 졸업을 앞둔 학생까지, 하늘을 꿈꾸는 자라면 누구에게나 입교할 기회가 주어집니다. 하지만 그 누구도 쉽게 입교 신청을 하지 못합니다. 그 이유는 바로 정보의 절대적인 부족에 있습니다. 우리나라는 한국 항공업계 특성상 그 규모가 작고 폐쇄적이라 조종사가 되는 방법에 관한 정보가 부족하기 때문입니다.

그래서 이에 관한 궁금한 점을 해결해드리고자 2014년에 『비행교육원 대비 조종사 교과서 1(입문 편)』(이하 『조종사 교과서 1』)이라는 책을 출판하게 되었습니다. 이로 인해 많은 분이 하늘을 꿈꿀 수 있었습니다. 그리고 2018년에 이르러 보다 세세한 내용을 담은 후속편인 『비행교육원 대비 조종사 교과서 2(자가용 조종사 기초 편)』를 출판하게 되었습니다. 애초 약속과 달리 제2권의 출판이 늦어진 점에 대해서 독자분들께 죄송하다는 말씀을 올립니다.

2014년, 조종사에 관한 첫 책을 출판하여 예비 조종사분들의 궁금점을 조금이나마 해결해드릴 수 있었습니다. 하지만 또 다른 문제가 실기

비행에서 발생했습니다. 항공기 조종에 관한 지식은 방대하기가 이를 데 없습니다. 공부해야 할 서적도 다양하고, 또한 조종사 교육을 담당하고 있는 기관들(대학, 군, 해외기관, 기타 사설 기관)도 기관마다 서로 다른 방식으로 교육하고 있습니다. 심지어는 같은 교육기관일지라도 담당 교관의 지식수준, 성실도에 따라 교육품질의 차이가 나기도 합니다.

비행기 운항은 이론도 중요하지만, 실기비행이 가장 중요하다고 할 수 있습니다. 주로 학생 조종사들은 선배에게서 비행기 운항의 노하우(Know-how)를 전수받게 되는데, 틀린 내용도 너무 많고 서로 각각의 다양한 교육 방법을 가지고 있어서 이를 배우기가 매우 힘이 듭니다. 또한, 선배들은 선배들 나름대로 상위 단계의 훈련을 받는 터라 시간 부족, 귀찮음 등의 사유로 후배들에게 쉽게 노하우를 전수해주지 않습니다. 게다가 학연, 지연 등의 이른바 연줄이 없다면 중요한 기술을 전수받기가 매우 어렵습니다. 만일 조종과는 상관없는 전공 출신에다 처음 입교하여 인맥도 많지 않은 분이 비행기 운항에 대한 노하우를 습득하고자 한다면 조종의 길은 더욱 멀어지게 되는 것입니다.

이렇듯 표준화, 통일화된 훈련법이 존재하지 않아 많은 혼란을 겪고 있을 학생 조종사 여러분께 자습서 같은 지침서가 필요하다고 생각했습니다. 이런 생각을 바탕으로 국내 대형 항공사의 훈련 교범을 소형훈련 항공기에 접목해 그 항공지식을 전수하고자 이 책을 추가로 집필하게 되었습니다. 많은 예비 조종사분을 위해 울진비행교육원을 중심으로 한 비행의 노하우를 이 책에서 모두 공개하고자 합니다.

이 책은 국내 대형 항공사의 훈련 교범 내용을 소형 항공기(Conventional Plane)에 접목하는 동시에 핵심이 되는 내용만 압축하여 책을 구성했습니다. 지역적 측면으로는 미국 연방항공청(FAA) 중심의 항공 규칙만을 고집하지 않고, 한국의 비행 환경을 최대한 반영하려 노력했습니다.

이 책의 필자들은 화려하고 유려한 문체를 별로 좋아하지 않습니다. 이 책은 문학책이 아닙니다. 철저한 기술·정보 서적입니다. 필자들은 책에 관한 공통된 철학이 하나 있습니다. 중학교 3학년 학생이 어떤 책을 읽고 그 내용을 충분히 이해한다면, 그 책이야말로 세상에서 가장 훌륭한 서적이라는 것이 그것입니다.

조종사가 되려면 큰 비용과 시간을 투자해야만 합니다. 이러한 위험 부담을 안고 있는 독자들에게 효율적으로 지식을 전달하고 싶었습니다. 아울러 항공사들의 최신면접자료 및 입사시험 기출문제 등도 전편에 이어 업데이트했으니 항공사 지원 시 참고하시기 바랍니다. 이 책을 통해 비행하면서 느꼈던 점과 지식들을, 조종사를 꿈꾸는 여러분과 공유하고자 합니다.

하늘을 꿈꾸는 사람들 올림

제 1 부 항공사별 채용 조건의 변화, 신체검사 관련 규정 변경 사항(2018년 기준)

제1부

항공사별
채용 조건의
변화,
신체검사 관련
규정 변경 사항
(2018년 기준)

항공사별 채용 조건의 변화

본 장은 『비행교육원 대비 조종사 교과서 1(입문 편)』(이하 『조종사 교과서 1』)의 제1부에서 다뤘던 내용의 업데이트다. 2018년을 기준으로 바뀌거나 추가된 사항만을 기술했으니 좀 더 자세한 사항은 이 책의 전편인 『조종사 교과서 1』을 참고하기 바란다.

1. 대한항공, 진에어

⊙ 조종사 <u>시력교정 수술</u> 신체검사 관련 규정 변경 사항

■ 2016년부터 적용된 변경 사항

시력교정 수술(라식, 라섹, PRK 등)을 받은 조종사도 채용 시작

대한항공, 진에어는 그동안 **시력교정 수술(라식, 라섹 등)**을 받은 조종사들을 채용하지 않았다. 기존에 채용된 조종사 중 입사 후 몰래 시력교정 수술을 받은 조종사들도 사내 안과 검진 후 발각되면 단호히 퇴사 조치를 취하는 분위기였으나, 갈수록 부족해지는 기장급 조종사들을 충원하기 위해 여러 어려움을 겪고 난 뒤, 2016년부터는 시력교정수술 신체검사 관련 규정을 변경했다. 현재 라식, 라섹 수술 등을 받은 사람 중에서도 많은 수가 부기장 선발에 합격하여 근무 중이다. 그러니 **시력교정 수술을 받은 예비 조종사들도 안심해도 좋다.**

2. 아시아나항공, 에어부산

◉ 한서대학교 PPP(Professional Pilot Program) 과정 신설

대한항공 취업을 위한 한국항공대학교의 APP(Airline Pilot Program) 과정과 비슷한 프로그램이 2017년부터 한서대학교와 아시아나항공, 에어부산과의 협의로 한서대학교에 신설되었다. 비교적 성공적으로 운영되고 있는 한서대학교의 운항학과 교육경험을 활용해 PPP 합격자에게는 한서대학교 운항학과와 동일한 교과목을 이수시켜 이론 및 실기 부분에서 부실한 타 교육기관들과의 차별화를 두고 있다. 또한, 학비 측면에서도 총 교육비가 약 8,500만 원 정도로 책정되어 1억 5천만 원이 넘는 항공대 APP 과정보다 비용 부담이 적어 기존 APP를 준비하고 있던 지원자들이 대거 몰릴 것으로 예상된다.

(1) 지원자격

4년제 대학교를 졸업한 학사학위 소지자 혹은 졸업예정자를 대상으로 선발하며 전공에 관한 불이익은 없으므로 자유롭게 지원할 수 있다. APP 과정과 마찬가지로 비행경력이 전혀 없는 제로 타임(Zero Time) 일반인 지원자를 대상(자가용 면장 소지자 불가)으로 취업연계를 하는 과정이기 때문에 취업문제가 별도로 존재하는 다른 비행학교 프로그램과는 차별성을 두고 있다. 지원 조건 영어성적은 TOEIC 850점 이상, TOEIC SPEAKING 6등급 이상만이 지원 가능하다. 마지막으로 연령에 있어서는 따로 제한을 두지는 않는다고 한다.

(2) 전형방법
- 선발시기: 매 분기 선발(연 4회 목표)
- 선발인원: 회당 약 10~20명(항공사 소요인원에 따라 협의)
- 인·적성검사: 아시아나항공 인·적성 문제집으로 준비
- 영어 구술
- 면접: 1차, 2차로 구분해 총 2회 실시
- 신체검사: 아시아나항공 지정병원에서 실시
※ 아시아나항공 자체 기준으로 합격/불합격을 가름

(3) 과정 소개
- 총 교육기간: 약 20개월
- 총 교육비용: 약 8,500만 원
- 추가 부대비용: 약 340만 원

(4) 단계별 요약

단계	교육기간	비용	비고
Phase 1 - 국내(이론기초교육)	1.5개월	약 300만 원	- 국내 숙박비 포함 - 생활비 별도
Phase 2 - 미국 현지 (자가용/계기 과정)	8개월	USD 33,000$	- 체크비행 비용 별도 - 미국 숙박비 별도 - 생활비 별도 - 서적, 비행 장비 별도
Phase 3 - 국내 (Phase 2 국내 리뷰)	3개월	약 1,300만 원	- 국내 숙박비 포함 - 생활비 별도
Phase 4-1 - 국내 (이론 심화)	1.5개월	약 200만 원	- 국내 숙박비 포함 - 생활비 별도
Phase 4-2 - 국내 (항공사 입사준비)	0.5개월	-	- 항공사 조종 예비자원 선발(조종 인턴)
Phase 5 - 미국 현지 (미국 사업용 과정)	4.5개월	USD 22,500$	- 사업용 조종사 - 다발한정취득 (Multi-Engine) - 제트기교육(Jet Rating)
Phase 6 - 국내 (국내 면장 전환과정)	1가월	약 300만 원	- 국내 숙박비 포함
합계	약 20개월	약 8,500만 원	비행시간 총 300시간

※ 생활비, 미국 숙박비는 미포함된 비용임
※ 환율 USD 달러(1,150원 기준)

(5) 추가부대비용

항목	비용	비고
비자비용	575,000원	
미국 신체검사	100,000원	
지문검사비	70,000원	
항공권	약 2,500,000원	- 미국 현지 2회 왕복
합계	약 3,245,000원	

(6) 기존 운항인턴 과정과의 비교

기존 아시아나항공의 운항인턴 제도에서 대한항공 APP처럼 조종사의 자비 부담을 강화하는 형식으로 약간의 수정을 가한 방식이 PPP 과정이다. 기존 운항인턴 제도처럼 우수한 자원을 선발하려고 계획했으나, 학생의 비용 부담 때문에 기존의 운항인턴 과정보다는 합격선의 커트라인이 그보다 약간 떨어질 것으로 예상된다.

PPP 과정의 장점으로는 항공사 채용확률의 극대화와 한서대학교 운항학과의 높은 교육품질에 있다. 한서대학교 운항학과 교수들이 운항학과 재학생들과 동일한 커리큘럼으로 그대로 강의하기 때문에 다른 비행학교들에 비해서 학술교육과정(Ground School) 품질이 우수하다. 평가체계도 상대평가로 엄격하게 관리되어 항공사가 신뢰할 수 있는 점수체계를 구축한다고 한다. 마지막으로 채용에 있어서는 아시아나항공, 에어부산 입사에 실패하더라도 타 항공사에 지원이 충분히 가능하고 교관으로도 채용할 수도 있다고 한다.

3. 에어서울

에어서울

2010년대로 들어서면서 저비용 항공사의 성장으로 인해 아시아나 항
공은 위기에 직면하게 되었다. 프리미엄 항공서비스에서는 대한항공에
밀리고, 저비용 항공사들로부터는 기존 단거리 국제노선의 가격경쟁력
이 위협받았다. 미국, 유럽과 같은 장거리 노선이 많은 대한항공에 비해
서 아시아나항공은 중국, 일본, 동남아 등 단거리 노선에 치중해 그동안
한국의 유일한 저비용 항공사와 같은 위치를 독점해오다가 제주항공, 진
에어, 티웨이 등의 저비용 항공사 성장으르 인해 안정적이었던 경영이 위
협을 받게 된 것이다.

빠르게 성장해나가는 저비용 항공 시장에 맞서 대한항공이 진에어를
새로 설립해 저비용 시장에 대응했다면, 아시아나항공은 부산시와 협력
해 에어부산이라는 새로운 합작항공사를 설립하게 되었다. 하지만 아시
아나항공은 에어부산에서 또 다른 문제에 봉착하게 된다. 에어부산도
좋은 저비용 항공사이긴 하지만, 부산시와 여타 부산기업들과의 합작회
사라는 태생적인 한계가 있어서 의사결정에 있어 아시아나항공의 주도

적인 경영이 어려웠고, 특히나 에어부산의 베이스가 부산의 김해공항이
다 보니 인천공항과 김포공항을 중심으로 하는 수도권 운송시장을 놓치
게 되었다.

날로 어려워져만 가는 상황에서 아시아나항공은 그동안의 문제점을
해결하고 새로운 시장을 개척하고자 대안을 탐색했고, '에어서울'이라는
수도권 중심의 저비용 항공사를 신규 설립하게 된다.

(1) 면장 운항인턴(참고: http://recruit.flyairseoul.com/)

에어서울은 사업용 조종사(다발) 면장을 취득한 인원에 한해서 학력이
나 연령 제한 없이 250시간의 비행시간만 있으면 누구나 부기장 채용에
지원할 수 있도록 했다. 다만 제트기교육(Jet Rating) 경험이 있는 사람은
채용 시에 우대하고 있다.

(2) 전형절차

- 신체검사: 신체검사는 따로 없으며 일반 저비용 항공사들(제주항공, 티
웨이, 이스타)과 마찬가지로 항공신체검사 1급만 소지하고 있으면 된다.
- 인·적성검사 및 항공지식 필기시험[1]
- 1차 면접: 실무면접

---

1 『조종사 교과서 1』, p. 327, 아시아나항공, 에어부산 부분 참고.

[그림 1] Airbus320의 Cockpit[2]

- SIM 평가: A320 FTD로 실시한다. 국내에서 A320 SIM을 체험할 수 있는 곳으로는 누리항공(www.nuriaero.com)이 있다.[3] 비용은 시간당 20여만 원 선이다. Airbus 계열의 항공기는 요크(Yoke)가 아닌 스틱(Stick)으로 조종하므로 DA-42NG(항공대학교에서 운영하는 다발 항공기) 같은 항공기의 실기비행경력이 있으면 기량에 도움이 된다.

- 2차 면접: 임원면접

---

2 요크(Yoke) 대신 스틱(Stick)이 장착되어있는 것이 인상적이다.

3 누리항공 주소: 인천광역시 중구 운남동로 5€-10(운남동), 전화번호: 070-8827-3741.

1) 울진비행훈련원 사업자 변경

울진비행훈련원의 사업자가 기존의 한서대학교에서 한국항공직업전문학교로 변경되었다(2015년).

(1) 울진비행교육원 사업자(2017년 기준)

- 한국항공대학교(참고: www.kau.ac.kr/ftc)

- 한국항공직업전문학교(참고: http://www.pilot.or.kr/)

2) 한국공항공사 조종인력양성 지원계획

조종사 양성의 필요성을 느낀 정부의 지원 덕택에 울진비행교육원의 개원과 각 대학 운항학과의 신규 설립이 이루어졌고, 이로 인해 비행시간 170~250시간 경력의 사업용 조종사 인재 풀(Pool)을 어느 정도 확장하는 데 성공을 거두는 듯했다. 하지만 문제는 항공사의 요구로부터 다시 불거지기 시작했다. 대부분의 항공사가 부기장급 조종사 신규 채용을 할 때 조종사 경력을 최소 300시간에서 500시간(대한항공 제외)을 요구했고, 추가로 제트기교육(Jet Rating)이나 대형 항공기 Rating(B737, A320)을 필요로 했다.

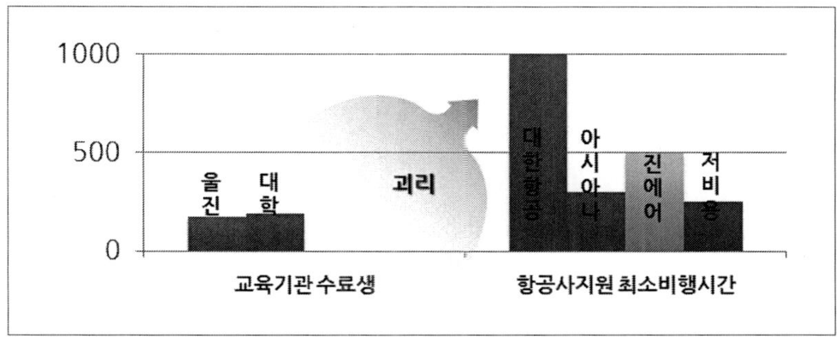

[그림 2] 국내교육기관 수료생의 비핟시간과 항공사에서 요구하는 비행시간의 차이

조종 인재 풀(Pool)의 비행경력을 기존 170~250시간에서 300~500시간급으로 양성시키고자 한국공항공사에서는 항공조종인력양성 프로젝트를 시작하여 T/B(Time Building)과 제트기교육(Jet Rating) 사업을 추진 중이다.

[그림 3] 한국공항공사에서 도입 예정인 Citation M2 기종

훈련공항으로는 유휴공항인 무안공항이나 여수공항을 사용할 예정에 있으며, 교육비를 최대한 절감하기 위해 제트기교육에는 실제 소형제트기 이외에도 시뮬레이터(Simulator)도 도입할 예정이다.

[그림 4] 무안공항

제2부

자가용 조종사 실기비행
(PRIVATE PILOT)

- 인맥이 없으면 알기 힘든 실기비행 노하우

본 장은 『조종사 교과서 1』의 '제4부, 인맥이 없으면 알기 힘든 비행 노하우 대공개'에서 다뤘던 내용의 연속된 부분이다. 이 책의 전편인 『조종사 교과서 1』의 제4부를 먼저 공부한 후 이 장을 읽을 것을 권한다.

비행을 준비하기 전에

이 장에서는 필자들의 비행 노하우를 공개한다. 처음 비행을 시작하는 예비 조종사에게 조금이나마 도움이 되고자 이 장을 마련하게 되었다. 학술교육과정(그라운드 스쿨)은 책을 보며 열심히 공부하면 어느 정도 따라갈 수 있는 반면, 실기 비행 관련 노하우는 단시간에 깨닫기가 매우 힘들다. 그리고 항공대, 한서대 등을 졸업해서 노하우를 전수받을 인맥이 있는 것이 아니라면 숱한 노력에도 불구하고 정보 부족으로 인해 체크비행 시험 때 너무나 어이없이 탈락하고 만다. 그러한 초보 조종사들의 어려움 때문에 이 책을 집필하기로 했고 이렇게 출판을 진행하게 되었다. 개인마다 조종을 대하는 방법론이 달라서 필자의 방법이 틀렸다는 둥, 잘못되었다는 둥 많은 말이 오갈 수 있지만, 이 책을 통해 많은 예비 조종사들에게 조금이나마 도움이 되었으면 하는 바람이다. 완전히 이해하기 힘들더라도, 수박 겉핥기식으로라도 각 과정 전에 미리 예습하고 비행에 임한다면 실제상황에서도 당황하지 않을 수 있다. 체크비행 시 우수한 성적을 얻어서 부기장의 꿈에 한 발 더 다가서도록 하자.

1. I'M SAFE Checklist

I'M SAFE Checklist는 비행하기 전, 개인 건강에 있어서 조종사가 꼭 확인해야 할 6가지 사항이다. 비행에 있어서 '안전'은 최우선으로 해야 할 가치이므로 다음 항목을 항시 숙지하면서 자신의 몸 상태를 주의 깊게 살피자.

1) Illness

- 현재 나에게 질병이 있거나 그 징후로 의심될 만한 사항이 있는가?
- 특히, 감기에 걸렸을 때 비행을 하면 높은 고도에서의 저기압 때문에 청력 기관의 염증을 악화시켜 이명이나 청력감퇴, 심하면 청력을 잃을 수도 있는 심각한 상황을 일으킬 수 있다. 따라서 비행을 하더라도 고도가 낮은 공역을 비행 전날 담당 스케줄러에게 특별히 요청하고, 비행해도 되는지 반드시 의사와 상담할 것을 권한다.

2) Medication

- 현재 복용 중이거나 사용 중인 의약품이 비행에 영향을 미칠 수 있

는가?

- 마약, 신경안정제 등의 향정신성 물질을 사용하고 있는가?

3) Stress

- 정신적인 문제나 금전 상태, 미래에 대한 불안감, 건강 스트레스, 가족 문제 등으로 심리적인 압박을 받는 상태인가?

4) Alcohol

- 비행 전날 음주를 했는가?: 비행 전 최소 8시간 동안은 음주를 하지 않을 것을 권함.
- 「항공법」 제47조 5항에 따르면 혈중알코올농도가 0.02% 이상인 조종사를 처벌할 수 있도록 하고 있다. 실제로 간혹 비행에 나가기 전에 국토교통부 공무원이 음주측정(학생 조종사 포함)을 요구하는 경우도 있으니 절대 음주 비행을 하지 않도록 주의해야 한다.
- 만약 음주측정요구에서 혈중알코올농도가 0.02% 이상이 검출되면 다음과 같은 행정처분을 받게 된다.

> ■ 행정처분
> - 1차 위반 → 효력 정지 30일
> - 2차 위반 → 효력 정지 90일
> - 3차 위반 → 효력 정지 1년 또는 자격증명 취소
>
> ※ 효력 정지 30일의 처분이 절대 가볍다고 성각하면 안 된다. 한 번 적발된 기록은 평생 기록에 남으며 항공사 입사 시 진행되는 신원조회에서 입사 불가 사유가 될 수 있다.

5) Fatigue

- 현재 극도의 피로로 인해 정상적인 비행이나 업무를 할 수 없는 상
  태인가?
- Burn-out 증후군(너무 오랫동안 고도의 집중상태를 유지했을 때 찾아오는 극
  도의 피로감)을 겪고 있지는 않은가?
- 충분히 휴식을 취하지 못하는 상태인가?
- 평소 꾸준한 운동으로 조종사에게 필수적인 Physical 관리를 하지
  못했는가?

6) Eating

- 건강한 식생활로 충분한 영양공급을 받고 있는가?
- 비행을 시작한 지 얼마 되지 않은 학생 조종사라면 멀미 증상을 흔
  히 겪을 수 있다. 이때는 비행 전에 **아무것도 먹지 않는 것보다는 소
  량의 음식을 미리 섭취**해두는 것이 멀미에 조금이나마 도움이 되므
  로 무작정 굶지 않도록 주의하자.

I'M SAFE Checklist를 충실히 확인한 후 비행을 못하겠다는 판단이
서면 비행 전날 오전까지 비행스케줄러에게 연락하자. 비행 당일에서야
비행을 포기하면 너무 늦다. 비행학교에서는 항공기 자원, 교관 자원의
효율적인 운영을 통해 총 비행시간을 최대한으로 끌어올리려 하는데,
비행 취소 시에는 항공기를 미사용 대기시키게 되어 제자원이용률 감소
와 교관인건비 면에서 막대한 피해를 볼 수 있다. 이와 같은 원리는 항

공사에서도 동일하게 적용된다. 조종사가 약속을 지키지 않으면 항공사는 승객과 화물을 운송하지 못해 피해를 본다. 따라서 항공사에서는 조종사의 비행학교 시절의 비행 Cancel 경력을 중요하게 여기는 것이 사실이다. 비행이 불가능할 것으로 계상되면 전날 오전까지 최대한 빨리 판단하여 연락을 취하자. 조종사이게 있어서 빠른 Decision Making이 중요시되는 이유이기도 하다.

2. 비행 시 필수품

비행 시에는 조종연습 허가서, 화이트카드, 항공 무선통신사, 이 세 가지를 항상 반드시 소지하고 있어야 한다. 항공 무선통신사의 경우는 교관과 학생, 둘 중 한 명만 있으면 되지만, 학생의 솔로 비행(교관 없이 단독으로 비행하는 것) 때는 학생이 반드시 항공 무선통신사 자격증을 소지하고 있어야 한다. 그리고 나안시력 1.0 이하인 학생 조종사들은 안경을 2개 이상 소지하고 있어야 한다.

⊙ 소지 필수품 목록

① 조종연습 허가서(조종사 면장이 없을 때)

② 화이트카드(신체검사증명서)

③ 항공 무선통신사 자격증

④ 안경 2개(해당자)

■ 더 공부해보기

- 『Private Pilot(Jeppesen)』, p. 10-29, Pilot-in-Command Responsibility.
- 「항공법」 제47조 주정음료 등.
- 「항공법 시행규칙」 별표18 항공종사자 등에 대한 행정처분기준.

Pre-Flight(비행 준비)

Pre-Flight란 비행 전에 반드시 준비해야 할 사항들이다. 비행은 준비가 반(半)이다. 하늘에 올라가서 배우는 것도 많겠지만, 과도한 스트레스와 Distraction(비행 중 외부자극으로 인한 혼란)으로 인해 상공에서 조종사의 IQ는 평상시의 절반으로 떨어지게 된다(이것은 절대적인 진실이다). 따라서 비행하기 전에 지상에서 철저히 준비하고 출발해야만 교육의 질을 높일 수 있다.

비행하는 데 있어 시간당 수십만 원에 이르는 교육비가 부담된다면 비행 준비를 철저히 하는 습관을 기르자. 이 책에서 Pre-Flight 부분에 상당히 많은 페이지를 할애하는 것도 비행 준비의 중요성을 필자들이 누구보다도 깊게 깨닫고 있기 때문이다. 매번 비행 시마다 반드시 해야 할 것들이니 주의 깊게 공부해보자.

● Pre-Flight Briefing(C172)

① A/C Registration: HL10--	② DATE: 2017.03.22
③ Instructor: Yamada, Akio	④ Student: Hong, Gil Dong
⑤ Flight Route: RKTL-LCL	⑥ VFR □ IFR □
⑦ Fuel on Board: 44 GAL.	⑧ Fuel Required: 12 GAL. ⑨ ETA: 16:00 KST

Weight & Balance

ITEM	WEIGHT	ARM	MOMENT
① Basic Empty Weight	1716	41.08	70.5
② Pilot/ Co-pilot Seat	355	37 (34~46)	13.1
③ Rear Passenger	154	73	11.2
④ Fuel	264	48	12.7
⑤ Baggage Area1	5	95	0.5
⑤ Baggage Area2	7	123	0.9
⑥ Ramp Weight & CG	2501	43.54	108.9
⑦ Taxi & Run-up Fuel Burn	7	48	0.3
⑧ T/O Weight & CG	2494	43.30	108.0
⑨ Fuel Burn	75	48	3.6
⑩ L/D Weight & CG	2419	43.15	104.4

Weather & NOTAMs

METAR RKTH 220500Z
33008G30KT 0500
R28/1000D -RA SCT030
BKN200 03/M01 Q1010
NOSIG=

TAF RKTH 220500Z
2206/2312 24010KT
9999 SCT030 SCT200
TNM03/2306 TX05/2312
BECMG 2209/2210 15010KT
BR BKN 030 OVC 080

Wintem 공역5,500ft 상공
남서풍 10KT

SIGMET/AIRMET/AREA
-Checked
NOTAM - Checked

AMOS180/10KT(MAX16KT)
6.4/-12.1℃ 30.02inHg

훈련공역 S5500, S1000, TPN
13:00~15:00 KST

Departure Airport | | **Takeoff Performance** |

① Identifier	② Elevation	① Takeoff Weight	
RKTL	175 ft	2494 lbs	
③ Runway	④ Runway Length	② Ground Roll	③ Takeoff Distance
35	5906x148 ft	1079 ft	1830 ft
⑤ Temperature	⑥ Altimeter Setting	④ VLO	⑤ Speed at 50ft
6.4℃	30.02	51kts	56kts
⑦ Pressure Altitude	⑧ Density Altitude	⑥ Rate of Climb	
75 ft	-957 ft	760 fpm	

Destination Airport | | **Landing Performance** |

① Identifier	② Elevation	① Landing Weight	
RKTL	175 ft	2419 lbs	
③ Runway	④ Runway Length	② Ground Roll	③ Landing Distance
35	5906x143 ft	504 ft	1179 ft
⑤ Temperature	⑥ Altimeter Setting	④ Approach Speed	
6.4℃	30.02	62+5=67kts	
⑦ Pressure Altitude	⑧ Density Altitude		
75 ft	-957 ft		

① I. P. Signature

② M.M Signature

<표 1> Pre-Flight Briefing 용지의 예

1. Pre-Flight Briefing

비행을 시작하기 전에 조종사는 비행을 준비하면서 동시에 준비했던 사항을 서류 형식의 기록으로 남겨야 한다. 이를 Pre-Flight Briefing이라고 한다. Pre-Flight Briefing은 말 그대로 비행 전에 수집해야 할 정보 목록을 작성하는 것으로 생각하면 된다. 용지 형식은 따로 정해진 것. 은 없으나, 비슷한 양식으로 비행학교마다 서로 일정한 틀을 정하여 표준화하여 사용하고 있다.

1) Flight Briefing 상단 부분

(1) A/C Registration

Pre-Flight Briefing 양식의 첫 번째는 항공기 등록부호를 기입하는 란이다. 비행할 항공기의 등록부호(훈련기의 경우 보통 HL1XXX 형식이다)를 써넣는다.

우리나라에 등록된 항공기는 등록 부호가 모두 HL로 시작된다. 이는 Hotel Lima[4]라고 읽으며, 한국 국적의 항공기를 의미한다.

국적코드	국가
HL	한국
N	미국
JA	일본
G	영국
C	캐나다
D	독일
F	프랑스

<표 2> 나라별 등록부호 코드

국적코드 다음 첫 번째 자리의 숫자는 왕복엔진 항공기와 제트 항공기에 따라 그 의미가 다르다.

[그림 5] 왕복엔진(Reciprocating Engine) 항공기의 등록부호

왕복엔진 항공기에서는 첫 번째 자리가 엔진의 개수를 의미한다. 1은 엔진이 한 개인 단발기, 2는 엔진이 두 개인 쌍발기를 의미하며 등록이 가능한 기호는 1000~1799, 2000~2799번이 있다.

---

4 Hotel Lima: 모스부호 읽는 법, 『조종사 교과서 1』, p 72 참고.

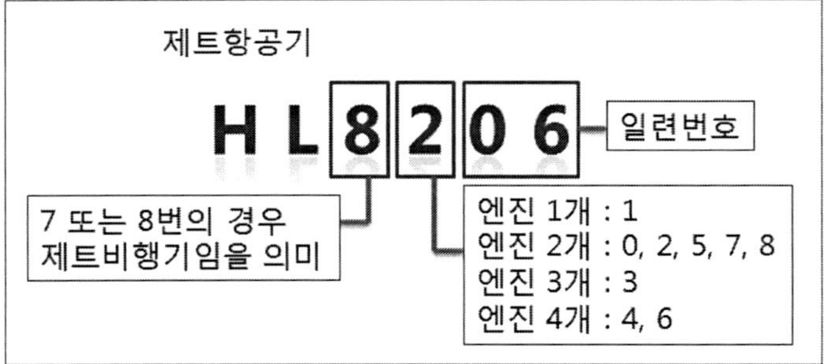

[그림 6] 제트엔진(Jet Engine) 항공기의 등록부호

첫 번째 자리가 7이나 8로 시작할 경우에는 제트 항공기임을 의미한다. 그리고 두 번째 자리는 엔진의 개수를 의미한다. 엔진이 단 1개이거나 3개[5]인 경우는 없으므로 엔진이 4개임을 의미하는 4와 6만 외워두고 나머지는 엔진이 2개임을 의미한다고 생각하면 공부하기가 수월하다.

> ■ 더 공부해보기
> - 『조종사 교과서 1』, p. 208, 국내 항공기등록부호.

(2) DATE

두 번째 자리는 비행을 하는 날짜이다. DOF(Dat of Flight)라고도 하며 당일의 날짜(한국시간기준)를 적는다.

---

5   MD-11과 같은 삼발기는 과거에 많이 운항되었으나 지금은 거의 모든 항공기가 퇴역한 상태다.

(3) Instructor

교관의 성명을 영어로 기입한다.

(4) Student

학생의 성명을 영어로 기입한다.

(5) Flight Route

어떠한 경로로 비행을 할지 적는다.

① 이륙공항 근처의 훈련공역 비행의 경우

- "공항식별코드 - LCL"을 기입
- 예: 울진공항에서 떠서 훈련공역에서 기동(Maneuver)연습을 한 후 다시 울진공항에 착륙할 예정이라면, "RKTL - LCL"이라고 적는다.

② VFR X-C(Cross Country: 장거리항법)비행의 경우

- "이륙공항식별코드 - 경로 1 - 경로 2 - ⋯ - 최종경로 - 착륙공항식별코드"
- 예: 울진공항에서 울산공항을 가는 VFR X-C 비행의 경우(강구항, 포항시, 보문호를 거쳐서 가는 루트일 때) "RKTL - GANGGU - POHANG - BOMUN LAKE - PKPU"라고 적는다.

국제민간항공기구(ICAO)[6]에서는 국가별로 공항을 쉽게 파악하기 위해 지역군별로 묶어서 ICAO공항식별코드를 정하고 있다. 한국/일본은 R로 시작하며 미국은 K, 유럽은 E, 중국은 Z, 러시아는 U 등이다.

지역	공항	식별코드
수도권	인천공항	RKSI
	김포공항	RKSS
강원권	양양공항	RKNY
	강릉공항	RKNN
충청/경북권	청주공항	RKTU
	대구공항	RKTN
	포항공항	RKTH
	울진공항	RKTL
호남권	광주공항	RKJJ
	무안공항	RKJB
	군산공항	RKJK
	여수공항	RKJY
경남/제주권	김해공항	RKPK
	제주공항	RKPC
	정석비행장	RKPD
	울산공항	RKPU

<표 3> 국내공항의 ICAO공항식별코드

국제항공운송협회(IATA)[7]에서도 민간 항공사 간에 사용하기 위한 IATA공항식별코드를 따로 정해두고 있다.

공항	식별코드
인천공항	ICN
김포공항	GMP
제주공항	CJU

<표 4> 국내공항의 IATA공항식별코드

---

6 International Civil Aviation Organizaion: 항공에 관한 업무를 처리하기 위해 국가들이 주축이 되어 설립된 단체.

7 International Air Transport Association: 민간 항공사들이 주축이 되어 업무협의를 하기 위해 설립된 단체.

(6) VFR or IFR

바깥풍경을 참조하여 비행하는 방식을 VFR이라 하고, 저시정(Low Visibility) 상황에서 바깥풍경보다는 오로지 Cockpit의 계기 수치에만 의존하여 비행하는 것을 IFR이라고 한다. 바깥풍경과 계기 의존의 정도를 수학 비례식으로 나타내면 VFR은 "9:1", IFR은 "0:10" 정도로 이해하면 된다. Pre-Flight Briefing에서는 어떤 방식의 비행을 할지 해당 항목에 체크를 해주면 되는데, 자가용 조종사 과정에서는 무조건 VFR 비행만 실시하므로 VFR에 체크를 하도록 하자.

[항공지식 PLUS] VFR vs IFR?

VFR(Visual Flight Rules)이란 Weather Minimum(미국FAR§91.155 또는 「국내항공법」 별표8)에 따라 일정 시정(Visibility) 및 구름과의 거리를 유지하며 비행하는 것을 뜻한다. 다른 표현으로, VMC(Visual Meteorological Conditions), 기상상태에서만 가능한 비행이라고도 한다.

Airspace	Visibility	Distance from Clouds
Class A	Not applicable	Not applicable
Class B	3 statue miles	Clear of clouds
Class C	3 statue miles	500 ft below 1,000 ft above 2,000ft horizontal
Class D	3 statue miles	500ft below 1,000ft above 2,000ft horizontal
Class E		
Less than 10,000ft MSL	3 statue miles	500ft below 1,000ft above 2,000ft horizontal

Airspace	Visibility	Distance from Clouds
At or above 10,000ft MSL	5 statue miles	1,000ft below 1,000ft above 1 statue mile horizontal
Class G		
1,200ft or less above the surface (regardless of MSL altitude)		
Day. except as provided in δ91.155(b)	1 statue miles	Clear of clouds
Night. except as provided in δ91.155(b)	3 statue miles	500ft below 1,000ft above 2,000ft horizontal
More than 1,200ft above the surface but less than 10,000ft MSL		
Day	1 statue miles	500ft below 1,000ft above 2,000ft horizontal
Night	3 statue miles	500ft below 1,000ft above 2,000ft horizontal
More than 1,200ft above the surface and at above 10,000ft MSL	5 statue miles	1,000ft below 1,000ft above 1 statue mile horizontal

<표 5> FARδ91.155 Basic VFR weather minimum

고도	공역	비행시정	구름으로부터의 거리
미적용	A등급	미적용	미적용
1. 해발 3,050미터 (10,000피트) 이상	B·C·D· E· 및 G등급	8,000미터	수평으로 1,500미터, 수직으로 300미터 (1,000피트)
2. 해발 3,050미터 (10,000피트) 미만에서 해발 900미터(3,000 피트) 이상 또는 장애물 상공 300미터(1,000피 트) 중 높은 고도	B·C·D· E·F 및 G등급	5,000미터	수평으로 1,500미터, 수직으로 300미터 (1,000피트)
3. 해발 900미터(3,000 피트) 미만 또는 장애물 상공 300미터(1,000피 트) 중 높은 고도	B·C·D 및 E등급	5,000미터	수평으로 1,500미터, 수직으로 300미터 (1,000피트)
	F 및 G등급	5,000미터	지표면 육안 식별 및 구름을 피할 수 있는 거리

※ 비고

1. 다음 각 목의 경우에는 제3호 F 및 G등급 공역의 비행시정을 1,500미터까지 적용할 수 있다.

    가. 우세시정(prevailing visibility) 하에서 다른 항공기나 장애물을 보고 피할 수 있을 정도의 속도로 움직이는 경우

    나. 그 지역 내의 항공교통량이나 업무량이 적어 다른 항공기와 마주칠 확률이 낮은 경우

2. 회전익 항공기는 충돌을 방지하기 위하여 다른 항공기 또는 장애물을 보고 피할 수 있을 정도의 속도로 움직이는 경우에는 1,500미터 미만의 비행시정 상태에서 비행할 수 있다.

<표 6> 「항공법」 별표 8 시계상의 양호한 기상상태
(제13조 및 제68조 제1항 제5호 관련)

IFR(Instrument Flight Rules)은 기상상태가 IMC(Instrument Meteorological Conditions)일 때 가능한 비행을 뜻한다. 조종사는 반드시 계기한정(Instrument Rating)을 추가로 취득해야 IMC 상황에서 IFR로 비행할 수 있다. IMC는 VMC보다 폭넓은 기상조건으로, 항공기가 구름 속에 들어가거나 저시정(Low Visibility)인 상황에서도 비행이 가능하다. 따라서 IFR비행은 VFR weather minimum을 지키지 않아도 된다.

하지만 IFR비행이라고 해서 어떠한 날씨에도 제한 없이 비행이 가능한 것은 아니다. 기상상태가 IMC보다 안 좋은 상황일 경우에는 IFR 비행도 불가능하다. 예를 들면, 활주로시정(RVR)[8]가 매우 낮아 이륙이 불가능하거나, 조종사가 CAT Ⅱ, Ⅲ 자격이 안 되어 Landing이 불가능한 상황 등이 있다. IFR에 관해서는 곧이어 출판될 『조종사 교과서 3(계기비행 편)』에서 공부하도록 하고 <자가용 조종사 편>에서는 VFR 조건만 공부해 보도록 하자.

> ■ 더 공부해보기
>
> - 『Private Pilot(Jeppesen)』, p. 4-2, Collision Avoidance.
> - FAR δ91.155 Basic VFR Weather Minimum.
> - 「항공법」 별표8 시계상의 양호한 기상상태.
> - 『조종사 교과서 1』, p. 239.

(7) Fuel on Board

사용 가능한 총 연료량을 기입하면 된다. C172S, C172R 항공기의 경우 최대 56GAL.(갤런)의 연료가 탑재될 수 있는데, 이 중 3GAL.은 비행 시 사용하지 못하는 연료[9]이므로, Full Tank로 주유한다고 해도 53GAL.만큼만 비행에 사용할 수 있다.

보통의 경우, 급유를 하면 뒷좌석(Back Seat)에도 사람이 한 명 더 탈

---

8 RVR: Runway Visual Range.

9 Total Unusable: 연료통과 엔진과의 연결 부위의 파이프에 고여 있어서 사용할 수 없는 연료량.

수 있도록 Weight & Balance를 맞추기 위해 44GAL.을 맞추어 놓으니 44GAL.을 기입하면 되고, 특별한 경우로 Full Tank 주유 시에는 56GAL.을 써넣는다. 만약, 앞선 다른 학생의 비행이 끝난 후 주유할 새도 없이 바로 비행을 이어나가는 경우엔 Pre-Flight Inspection 시 항공기에 탑재된 정확한 연료량을 계기판을 통해 육안으로 확인하고 해당 값을 적어놓으면 된다.

■ 더 공부해보기

- 『조종사 교과서 1』, p. 132, Fuel Quantity Indicator.
- 『C172S POH』, p. 7-39, Fuel Sysyem.
- 『C172S POH』, p. 7-44, Reduced Tank Capacity.
- 『C172R POH』, p. 7-23, Fuel System.
- 『C172R POH』, p. 8-16 Fuel.

(8) Fuel Required

비행에 소모될 연료량을 항공기 POH(Pilot's Operating Handbook)의 DATA를 이용해 예측하여 기입하는 란이다. 1.5시간 공역훈련비행을 하는 경우 보통 12GAL.을 사용한다고 보면 된다. 자세히 계산하는 방법은 아래에서 예를 들어 알아보자.

① 단계별 연료계산

먼저 항공기의 POH에서 Performance 부분을 찾아야 한다. 비행의 3단계인 상승(Climb), 순항(Performance), 하강(Descent) 중에 하강 부분은 연료를 많이 소모하지 않으므로 총 비행시간이 상승과 순항으로만 이루어져 있다고 가정한다. 하강도 순항 중이라고 생각해서 보수적으로 넉넉하게 연료소모량을 계산하는 셈이다.

② 상승단계에서의 연료계산

예를 들어, 이번 비행이 총 1.5시간, 훈련공역은 5,500ft로 계획되었다고 하자. 그러면 먼저 상승단계에서 얼마나 연료가 소모될지를 계산하기 위해서 POH Performance Part의 'Time, Fuel and Distance to Climb' 부분을 찾는다. <표 7>은 C172S 항공기의 Climb Performance를 나타내는 표이다.

■ Time, Fuel and Distance to Climb at 2,550 Pounds

Conditions:
Flaps up
Full Throttle
Standard Temperature

Pressure Altitude Feet	Temp °C	Climb Speed IAS	Rate of Clemb FPM	From See Level		
				Time Minutes	Fuel Used Gallons	Distance NM
Sea Level	15	74	730	0	0.0	0
1,000	13	73	695	1	0.4	2
2,000	11	73	655	3	0.8	4
3,000	9	73	620	4	1.2	6
4,000	7	73	600	6	1.5	8
5,000	5	73	550	8	1.9	10
6,000	3	73	505	10	2.2	13
7,000	1	73	455	12	2.6	16
…	…	…	…	…	…	…

NOTE

- Add **1.4** gallons of fuel for **engine start, taxi, and takeoff** allowance
- Mixture leaned above 3,000ft pressure altitude for maximum RPM
- Increase time, fuel and distance by **10%** for each **10°C** above standard temperature.
- Distances shown are based on zero wind.

<표 7> C172S Climb Performance

Climb Performance는 Pressure Altitude를 기준으로 작성되었으므로, Pressure Altitude를 구할 수 있어야 한다. Pressure Altitude는 기상이 ISA(해수면고도 기온 15℃, 표준기압 29.92inHg) 상태일 때의 고도변환치이고 구하는 공식은 다음과 같다.

※ PA(ft) = (29.92inHg - 현재기압) × 1,000 + FE[10]

울진공항의 FE는 175ft이고 공항AMCS상의 현재기압(QNH)이 29.80이라 가정하면 PA는 295ft로 계산된다.

※ PA(공항표고) = (29.92 - 29.80) × 1,000 + 175 = 295ft

그리고 훈련공역은 5,500ft이드로 이때의 PA는

※ PA(훈련공역) = (29.92 - 29.80) × 1,000 + 5,500 = 5,620ft

즉, PA 295ft에서 5,620ft로 상승하여야 하는 것을 알 수 있다. 〈표 7〉로 돌아와서 PA를 이용해 소요되는 연료의 양을 알아내는 방식은 다음 〈표 8〉과 같다.

---

10 FE: Field Elevation이란 공항표고 높이를 뜻한다.

Pressure Altitude Feet	Temp °C	Climb Speed IAS	Rate of Clemb FPM	From See Level		
				Time Minutes	Fuel Used Gallons	Distance NM
Sea Level	15	74	730	0	0.0	0
295	15	74	720	0	0.1	0
1,000	13	73	695	1	0.4	2
…	…	…	…	…	…	…
5,000	5	73	550	8	1.9	10
5,620	4	73	525	9	2.1	12
6,000	3	73	505	10	2.2	13
…	…	…	…	…	…	…

<표 8> C172S PA를 이용한 Climb Performance의 계산

PA가 5,620ft일 때의 연료소모량 2.1GAL.에서 PA가 295ft일 때의 연료소모량 0.1GAL.을 빼주면 총 2.0GAL.이 상승에 소모되고 시간은 약 9분(9-0=9min)이 걸림을 알 수 있다.

그런데 여기서 한 가지 더 고려해야 할 것이 있다. 바로 온도이다. 〈표 7〉 하단의 NOTE를 보면 표준온도(15℃)에서 10℃씩 상승할 때마다 시간, 연료, 거리가 10%씩 증가한다고 쓰여 있다. 공항AMOS상에서의 현재온도가 27.3℃였다고 가정하면 표준온도와의 차가 12.3℃이므로 시간, 연료, 거리가 12.3% 증가해야 한다. 계산하면 연료는 2.2GAL.(2.0x1.123), 시간은 10분(9x1.123)이 걸림을 알 수 있다.

③ 순항단계에서의 연료계산

순항단계에서 얼마나 연료가 소모될지를 계산하기 위해서 POH Performance Part의 Cruise Performance 부분을 찾는다. 〈표 9〉는

C172S 항공기의 Cruise Performance를 나타내는 표이다.

■ Cruise Performance

Conditions:
2,550 Pounds
Recommended Lean Mixture

Pressure Altitude Feet	RPM	20℃ Below Standard TEMP			Standard Temperature			20℃ Above Standard TEMP		
		% MCP	TAS	GPH	% MCP	TAS	GPH	% MCP	TAS	GPH
2,000	2,550	83	117	11.1	77	118	10.5	72	117	9.9
	2,500	78	115	10.6	73	115	9.9	68	115	9.4
	2,400	69	111	9.6	64	110	9.0	60	109	8.5
	2,300	61	105	8.6	57	104	8.1	53	102	7.7
	2,200	53	99	7.7	50	97	7.3	47	95	6.9
	2,100	47	92	6.9	44	90	6.6	42	89	6.3
4,000	2,600	83	120	11.1	77	120	10.4	72	119	9.8
	2,550	79	118	10.6	73	117	9.9	68	117	9.4
	2,500	74	115	10.1	69	115	9.5	64	114	8.9
	2,400	65	110	9.1	61	109	8.5	57	107	8.1
	2,300	58	104	8.2	54	102	7.7	51	101	7.3
	2,200	51	98	7.4	48	96	7.0	45	94	6.7
	2,100	45	91	6.6	42	89	6.4	40	87	6.1
6,000	2,650	83	122	11.1	77	122	10.4	72	121	9.8
	2,600	78	120	10.6	73	119	9.9	68	118	9.4
	2,500	70	115	9.6	65	114	9.0	60	112	8.5
	2,400	62	109	8.6	57	108	8.2	54	106	7.7
	2,300	54	103	7.8	51	101	7.4	48	99	7.0
	2,200	48	96	7.1	45	94	6.7	43	92	6.4

NOTE

- Maximum cruise power using recommended lean mixture is 75% MCP. Power setting above 75% MCP are listed to aid interpolation. Operations above 75% MCP must use full rich mixture.

- Cruise speeds are shown for an airplane equipped with speed fairings. Without speed fairings, decrease speeds shown by 2knots.

<표 9> C172S Cruise Performance

훈련공역 5,500ft는 PA가 5,620ft다. 그리고 IAS 100KT의 속도로 기동(Maneuver)을 연습한다고 하면 약 2,350rpm의 엔진 출력이 필요하다. <표 9>에서 2,350rpm의 파워세팅에서 PA 5,620ft를 찾으면 원하는 연료소모량(GPH)이 나오게 된다. GPH는 Gallon per Hour의 약자로 시간당 연료를 몇 갤런 소모하는지 나타내는 값이다. GPH를 찾는 과정은 <표 10>과 같다.

Pressure Altitude Feet	RPM	20℃ Below Standard TEMP			Standard Temperature			20℃ Above Standard TEMP		
		% MCP	TAS	GPH	% MCP	TAS	GPH	% MCP	TAS	GPH
2,000	…	…	…	…	…	…	…	…	…	…
4,000	…	…	…	…	…	…	…	…	…	…
	2,400	65	110	9.1	61	109	8.5	57	107	8.1
	2,350	62	107	8.7	58	106	8.1	54	104	7.7
	2,300	58	104	8.2	54	102	7.7	51	101	7.3
	…	…	…	…	…	…	…	…	…	…
5,620	2,350	59	106	8.4	55	106	7.9	52	103	7.5
6,000	…	…	…	…	…	…	…	…	…	…
	2,400	62	109	8.6	57	108	8.2	54	106	7.7
	2,350	58	106	8.2	54	107	7.8	51	103	7.4
	2,300	54	103	7.8	51	101	7.4	48	99	7.0

<표 10> PA를 이용한 Cruise Performance의 계산

PA 4,000, 2,350rpm일 때와 PA 6,000, 2,350rpm일 때의 GPH를 먼저 구해두고 PA 5,620에서의 중간값을 찾으면 원하는 연료소모량을 얻을 수 있다. 앞서 AMOS의 기온이 27.3℃라고 가정했으니 'Standard Temperature(15℃)'와 '20℃ Above Standard Temp(35℃)'의 중간값이라

고 생각하고 얼추 계산하면 들어맞는다. PA 5,620ft에서 15℃일 때 GPH 가 7.9이고, 35℃일 때 GPH가 7.5이니 중간값은 7.7GPH가 된다. 즉, 순 항 중일 때는 시간당 7.7GAL.의 연료를 소모하게 된다.

앞서 상승단계에서 걸리는 시간이 총 10분으로 계산되었으므로 총 비행시간에서 상승단계의 시간을 빼면, 순항단계에서의 비행시간은 약 1.33시간(1시간 20분)이 소요됨을 알 수 있다. 따라서 순항단계에서 필요 한 연료의 양은 1.33Hr×7.7GPH=10.2GAL.이다.

④ 상승단계와 순항단계 연료의 합＋α

상승단계와 순항단계 이외에도 추가로 소요되는 연료량을 생각할 필 요가 있다. <표 7>을 보면 아래쪽의 NOTE 부분에 Engine Start, Taxi, Takeoff 등에 추가로 1.4GAL.이 필요하다고 적혀 있다. 따라서 상승연 료, 순항연료에 1,4GAL.을 추가해주어야 최종적으로 비행에 필요한 연 료의 총합이 계산된다.

Fuel Required = 상승단계 소모량 + 순항단계 소모량 + 1.4GAL.
             = 2.2GAL. + 10.2GAL. + 1.4GAL
             = 13.8 GAL. = 82.8lb(1GAL.은 6lb)

■ 더 공부해보기

- 『C172S POH』, p. 5-19, Time, Fuel and Distance to Climb.
- 『C172S POH』, p. 5-20, Cruise Performance.
- 『C172R POH』, p. 5-16, Time, Fuel and Distance to Climb.
- 『C172R POH』, p. 5-17, Cruise Performance.
- 『조종사 교과서 1』, p. 137, 속도의 종류.
- 『조종사 교과서 1』, p. 145, QNH, QNE, QFE.
- 『조종사 교과서 1』, p. 146, Pressure Altitude.

(9) ETA

ETA는 Estimated Time of Arrival의 약자로, 비행을 끝내고 착륙공항에 도착하는 시각을 의미한다. 한국시간(KST)으로 예상되는 비행종료 시각을 써주면 된다.

2) Weight & Balance

(1) Basic Empty Weight

Basic Empty Weight는 Standard Airplane의 무게와 Operational Equipment, Unusable fuel, Full operating Fluids(엔진오일 등)의 무게를 합한 값이다. 즉, 사람이나 연료, 짐(Baggage) 등이 전혀 없는 비행기 자체만의 무게를 뜻한다.

이 Basic Empty Weight는 같은 모델이라도 항공기마다 그 수치가 다르며 비행학교의 정비팀에서 Weight, Arm[11], Moment[12] 수치를 제공하고 있으니 그대로 사용하면 된다. Weigh×Arm=Moment로 계산되며 Moment는 1,000단위로 쓰는 것이 일반적이다.

(2) Pilot/Co-pilot Seat

왼쪽에 탑승하는 학생 조종사와 오른쪽의 교관 조종사의 몸무게의 합을 기입하는 란이다. 단위는 파운드(lb)이며 1kg은 약 2.2lb이다. 원활한 비행 준비를 위해 학생 조종사는 비행 전날 교관의 몸무게를 물어 미리 알고 있어야 한다. 그리고 Arm 수치는 주어지니 Weight에 곱해

---

11 Datum Line에서부터 C.G까지의 거리.
12 Arm 끝 부분에 걸리는 Weight.

Moment를 구하면 된다.

(3) Rear Passenger

C172S 항공기는 총 4명까지 탑승할 수 있으나, Weight & Balance를 위해 2명 혹은 3명이 탑승하는 것이 일반적이다. 뒷좌석(Back Seat)에 비행훈련을 관찰할 학생이 탑승한다면 이 또한 계산에 넣어야 한다. 실제 비행을 하는 것도 중요하지만, Back Seat에서 다른 학생의 비행을 보면서 배우는 점도 많으니 훈련 중인 학생이라면 Back Seat을 최대한 많이 타봐야 한다. Arm 수치는 주어지니 Weight에 곱해 Moment를 구하면 된다.

(4) Fuel

Fuel은 탑재연료의 Weight를 의미한다. Fuel 칸에는 Fuel on Board에 기입한 양을 파운드로 단위를 바꾸어 기입하면 된다. 1GAL.은 6lb이다. Arm 수치는 주어지니 Weight에 곱해 Moment를 구하면 된다.

(5) Baggage Area 1 & 2

Baggage Area는 C172S 항공기 뒷부분에 위치해 있으며 1과 2 두 부분으로 나누어져 있다. Baggage Area에는 보통 다음과 같은 물품들이 적재되어 있으며, 보통 Baggage Area1에는 5lb, Baggage Area2에는 7lb가 적재되어 있다(비행학교 정책에 따라 다를 수 있음). Arm 수치는 주어지니

[그림 7] C172S 항공기의 Baggage Door가 열린 모습

Weight에 곱해 Moment를 구하면 된다.

항공기 뒤쪽에 치우쳐 있는 Baggage Area에 많은 짐을 놓게 되면 공기의 CG가 급격히 항공기 뒤쪽으로 가게 되어 위험하므로 짐은 가급적 객실 안의 Back Seat 쪽에 놓도록 하자.

물품 사진	설명
	- Chock : 항공기 Parking 시 Landing Gear 바퀴에 괴어놓는 버팀목.
	- Tow Bar : Ramp 주기된 항공기가 지상 이동이 필요할 때, 앞바퀴에 걸어 사람의 힘으로 항공기를 움직일 수 있게 도와주는 쇠막대.
	- Sampler Cup : 항공기에 급유된 연료에 불순물이 있는지 체크할 수 있는 컵.
	- Flash Light : 손전등. 붉은색/흰색 선택 가능.
	- First Aid : 구급상자.

<표 11> Baggage Area에 적재된 물품들

(6) Ramp Weight & CG

1번에서 5번까지의 무게를 모두 더하면 Ramp Weight가 된다. Ramp Weight는 항공기가 Ramp(주기장)에 Parking 되어 있을 때의 무게를 뜻한다. 즉, Engine Start-up을 하기 직전의 무게이다. Moment도 Weight처럼 1번에서 5번까지의 Moment를 모두 더해주어 기입하면 된다. Arm은 총 Moment를 총 Weight로 나누면 구할 수 있다.

(7) Taxi & Run-up Fuel Burn

Ramp에서 항공기 시동(Engine Start)을 걸고 나와서 활주로에서 Takeoff(이륙) 하기 전까지 소모되는 연료의 양을 기입해준다. 〈표 7〉의 NOTE 부분에 따르면 1.4GAL.(8.4lb)이 소요된다고 나와 있지만, 보통 보수적으로 7lb를 사용하는 것이 일반적이다. 안전을 위해 항공기 무게가 Takeoff 시 실제보다 약간 더 무거운 Weight라고 가정하고 계산을 하는 것이다. 그리고 Arm 수치는 주어지니 Weight에 곱해 Moment를 구하면 된다.

(8) T/O Weight & CG

Takeoff를 할 때의 Weight & Balance를 계산하는 란이다. Ramp Weight에서 7lb(Taxi & Run-up Fuel Burn)을 빼주면 T/O Weight가 나온다. 같은 방식으로 Moment도 계산해주고, Moment를 Weight로 나누어주면 Arm을 구할 수 있다.

(9) Fuel Burn

앞서 Fuel Requied를 구할 때 필요한 연료량이 2.2GAL.(상승단계 소모량)과 10.2GAL.(순항단계 소모량)이었으므로 총 12.4GAL.이 필요함을 알 수 있다(1.4GAL.은 Taxi & Run-up Fuel Burn 단계에서 이미 차감해 주었으므로 여기에서는 계산하지 않는다). 계산한 12.4GAL.을 파운드로 변환하면 74.4lb가 나온다. 그리고 Arm 수치는 주어지니 Weight에 곱해 Moment를 구하면 된다.

(10) L/D Weight & CG

Landing(착륙)을 할 때의 Weight & Balance를 계산하는 란이다. T/O Weight에서 Fuel Burn을 빼주면 L/D Weight가 나온다. 같은 방식으로 Moment도 계산해주고, Moment를 Weight로 나누어주면 Arm을 구할 수 있다.

(11) T/O Weight & L/D Weight에서 더 확인해야 할 것

Pre-Flight Briefing에서 Weight and Balance 란을 완성했다고 하여도 한 가지 더 확인해야 할 단계가 남아있다. 계산된 Weight & Balance가 과연 C172S 항공기의 비행 가능한 안전범주 안에 들어오는지를 POH를 통해 체크해야 하는 것이다.

① C.G Moment Envelope

POH Weight & Balance 장에서 [그림 8]과 같은 Center of Gravity Moment Envelope를 찾는다. 처음 확인해야 할 것은 Takeoff 시의 Weight와 Moment가 만나는 점이 Normal Category 안에 있는가이다. 그리고 Landing 시의 Weight와 Moment가 만나는 점이 Normal Category 안에 들어오는지도 확인하자. 마지막으로 앞서 찾은 두 점을

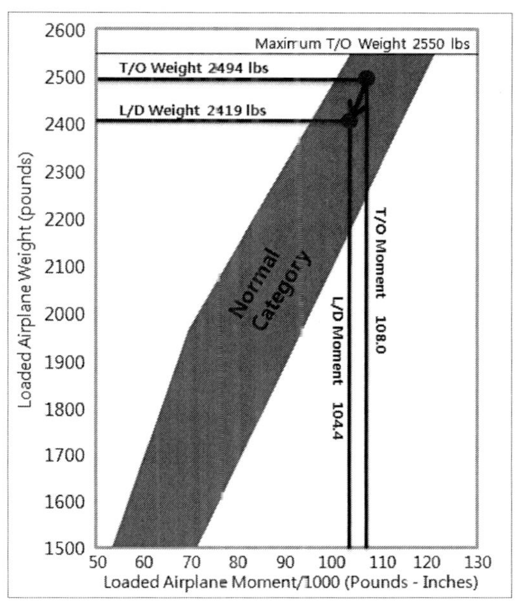

[그림 8] C172S C.G Moment Envelope

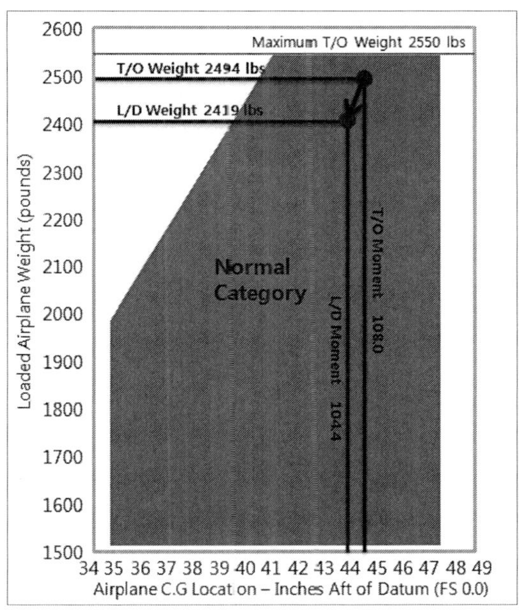

[그림 9] C172S C.G Moment Envelope

잇는 직선도 Normal Category 안에 들어오면 C.G Moment Envelope 상으로는 비행하는 데 안전하다는 것을 확인할 수 있다.

② C.G Limits

다음은 C.G Limits를 확인할 차례다. C.G Moment Envelope와 마찬가지로 모든 값이 Normal Category 안에 들어오는지 확인해야 한다.

③ Normal Category를 벗어났을 때

만약 C.G Moment Envelope나 C.G Limits 중 하나 이상이 Normal Category를 벗어난다면 Back Seat에 사람을 태우지 않거나 연료량을 조절하는 방식으로 Weight & Balance를 조정해야 한다. 연료는 한 번 급유하기는 쉬우나, 이미 급유한 연료를 비행기에서 다시 빼기란 무척 어렵다(이미 급유했다가 다시 빼낸 연료는 중간에 불순물이 들어가 있을 수도 있기 때문에 재사용이 어렵다). 그러므로 특별히 연료량을 조절해야 할 필요가 있으면, 급유팀에 빠른 연락을 취하여 일정 이상의 연료를 급유하지 말아 줄 것을 부탁해야 한다.

■ 더 공부해보기

- 『Private Pilot(Jeppesen)』, p. 8-31, Weight & Balance Terms.
- 『C172S POH』, p. 6-15, Center of Gravity Moment Envelope.
- 『C172S POH』, p. 6-16, Center of Gravity Limits.
- 『C172R POH』, p .6-15, Center of Gravity Moment Envelope.
- 『C172R POH』, p. 6-16, Center of Gravity Limits.
- 『Pilot's Handbook of Aeronautical Knowledge』, p. 9-5.

---

3) Weather & NOTAMs

(1) 기상정보 확인

① 저고도 항공기상정보 포털

- 주소: http://global.amo.go.kr/
- 기상정보: METAR, TAF, SIGMET, A RMET, AREA, WINTEM, AMOS 등.

비행에 있어서 날씨를 체크하는 것은 기본 중의 기본이다. 자동차와는 달리 항공기는 대기 환경에 따라 안전에 막대한 영향을 받기 때문이다. 기상정보를 확인하려면 우선 항공기상청에서 운영하는 저고도 항공기상정보 포털에 회원가입을 해야 한다. 회원가입 및 이용은 무료이며 로그인 하면 누구나 자유롭게 사용할 수 있다. 단, 가입 후 승인은 1~3일 정도 걸리니 일찍 아이디를 만들어 놓는 것이 좋다. 안드로이드/아이폰용 애플리케이션도 있어서 스마트폰으로 편리하게 기상정보를 볼 수 있으므로 비행을 시작하기 전에 스마트폰에 반드시 설치할 것을 권한다.

② Aviation Weather Center

- 주소: https://www.aviationweather.gov/
- 기상정보: METAR, TAF, PIREP, SIGMET, AIRMET.

미국 정부 기관인 NOAA(National Oceanic and Atmospheric Administration) 에서 운영하는 Aviation Weather Center에 들어가면 전 세계 공항들의 기상정보(METAR, TAF, PIREP, SIGMET, AIRMET)을 확인할 수 있다. 하지만 국내 일부 공항은 서비스되지 않는 곳도 있으니 국내정보는 항공기상청의 저고도 항공기상정보 포털을 이용할 것을 추천한다.

(2) METAR(Aviation Routine Weather Report)

각 공항에 설치된 항공기상관측소(Aeronautical Meteorological Stations)에서는 매시간 공항 주변의 기상을 관측하여 METAR로 정보를 알린다. 출발공항과 도착공항의 METAR 정보를 항공기상청에서 얻어 Pre-Flight Briefing에 써넣으면 된다. 단 1시간마다 업데이트되니 비행 전 1시간 이내의 최신정보를 사용하는 것이 좋다. 울진공항(RKTL)의 경우엔 METAR가 서비스되지 않으므로 제일 가까운 공항인 포항공항(RKTH)의 자료를 사용하도록 한다.

① METAR의 종류

(a) 정시관측보고(Routine Observations Reports/SA)

정시관측보고는 1시간 간격으로 발행되는 것이 원칙이며, 일부 공항(인천공항)의 경우에는 30분 간격으로 발행된다.

(b) 특별관측보고(Special Observations Reports/SP)

정시관측보고가 발행된 후 1시간 이내에 기상이 급격히 변하여 안전상 필요하다고 판단되는 경우 특별관측보고가 즉시 발행된다. 인천공항은 30분 간격으로 정시관측보고를 하므로 특별관측보고는 생략된다.

② METAR 해석

METAR는 일정양식(Format)을 따라 순서대로 기상정보를 제공한다. 다음의 METAR 예제를 들어 공부해보자.

> **■ 예제**
>
> METAR RKTH 220500Z 33008G30KT 0500 R28/1000D -RA SCT030
> BKN200 03/M01 Q1010 NOSIG=

(a) 보고의 종류(Identification of the Type of Report)

제일 앞에 나오는 정보로 정시관측보고일 때는 'METAR'가, 특별관측
보고일 때는 'SPECI'라고 쓴다.

(b) 지명부호(Location Indicator)

지명부호는 공항을 나타내는 정보이다. RKTH는 포항공항의 식별코
드이다.

(c) 관측시간(Time of the Observation)

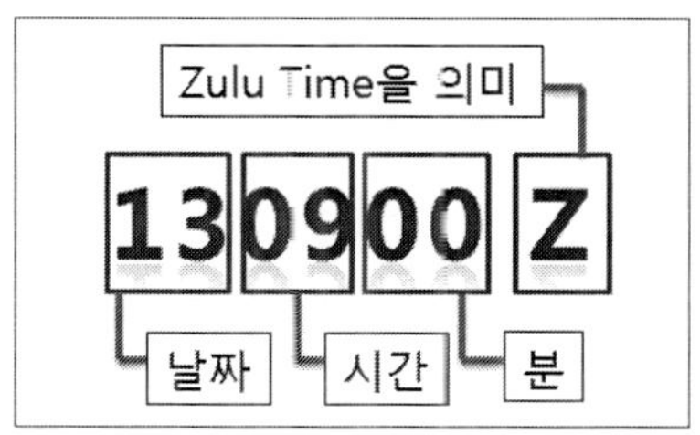

[그림 10] METAR 관측시간 설명

항공기상관측소가 공항기상을 관측하여 발행한 일시(Date and Time)정
보이다. 예제에서 '13'은 날짜를 나타내고, '09'는 Zulu Time[13]의 시간을,
'00'은 분을 나타낸다.

---

13 영국 그리니치표준시로 UST 또는 Zulu Time이라고 한다. 우리나라의 KST시간보다 9시간
　느리다.

(d) Wind정보(Surface Wind Direction and Speed)

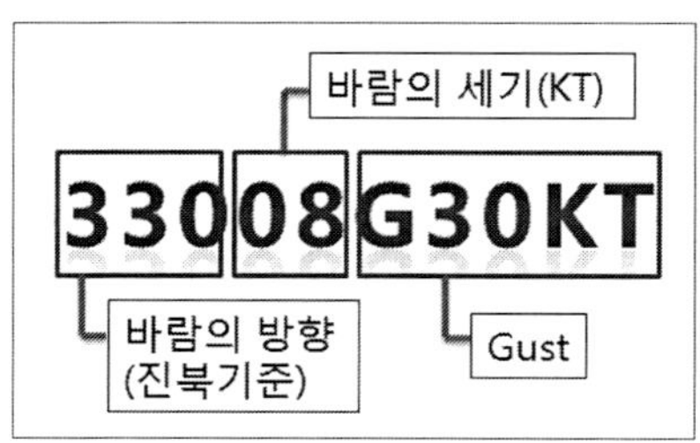

[그림 11] METAR Wind정보 설명

활주로 위 20~30ft 높이에서 측정한 바람 정보이며 10분 동안의 평균치를 사용한다. 바람의 방위는 진북(True North)을 기준으로 하며, 위의 예제에서 330은 바람이 불어오는 방위를, 08은 바람세기(단위 KTS)를 나타낸다. 'G'는 Gust(순간돌풍)를 의미하며 10분 동안 평균풍속보다 10KT 이상의 바람이 차이 날 때 사용한다.

표기 예문	조건	예문
100V170	- 평균풍속 3KT 이상 - 풍향 변동폭 60° 이상	바람이 100°~ 170° 사이에서 불고 있음
VRB02KT	- 평균풍속 3KT 미만 - 풍향 변동폭 60° 이상 180° 미만	2KT의 방향이 일정치 않은 바람
VRB15G20KT	- 뇌우 등이 공항 직상공을 통과하여 Windshear[14]가 생길 때	20KT의 Gust를 동반한 15KT 바람의 풍향이 일정치 않음
090P99KT	- 바람의 풍속이 100KT 이상일 때 (ICAO 기준)	풍향이 090이고, 풍속이 100KT 이상임
090120KT	- 바람의 풍속이 100KT 이상일 때 풍속정보를 세 자리로 표현한다 (FAA 기준)	풍향이 090이고, 풍속이 100KT 이상임

<표 12> METAR Wind정보에서 추가로 발행될 수 있는 것들

---

14 풍속과 풍향이 일정치 않고 급격히 변해서 항공기 안전에 영향을 미치는 바람.

(e) 시정(Visibility)

시정은 ICAO에서는 m 단위르 표기되며 예제의 '0500'은 시정 500m를 의미한다. FAA에서는 단위로 SM(Statue Mile)을 사용하며 '1 1/2SM(1.5 statue mile을 의미)' 등과 같이 표기한다. METAR에서의 시정은 우시정(Prevailing Visibility)[15]을 사용하므로 방위별로 시정이 다른 경우에는 가장 짧은 시정의 값을 기준으로 한다. 단, 운항상 중요한 방위의 시정인 경우 우선해서 사용될 수 있다.

표기 예문	조건	예문 해석
1300SE 5000N	- 최단시정이 1,500m 미만이고, 최장시정이 5,000m 이상이면 방위별로 시정을 각각 발행할 수 있음	우시정이 남동쪽은 1,300m, 북쪽은 5,000m

<표 13> METAR 시정정보에서 추가로 발행될 수 있는 것

(f) 활주로가시거리(RVR: Runway Visual Range)

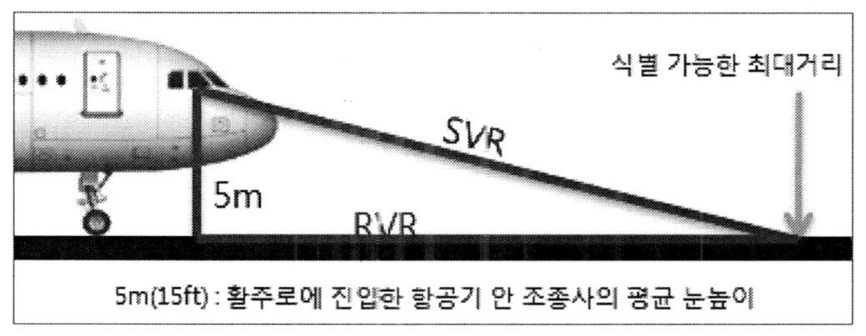

[그림 12] RVR의 거리

---

15 공항 지면의 절반 이내나 지평선(Horizon)의 절반 이내에서 관측할 수 있는 시정.

RVR란 비행 중인 항공기가 Landing을 위해 활주로의 Touchdown Zone에 들어서거나, 지상의 항공기가 Takeoff를 위해 Touchdown Zone에 들어섰을 때, 등화(Lights)나 활주로표시(Marking)를 식별할 수 있는 최대사면거리(SVR: Slant Visual Range)의 수평 부분을 뜻한다. 지상에 설치된 Transmissometer 장비를 이용해 10분간의 평균값을 측정되며 ICAO 권고사항에 따라 최소 50m에서 최대 1,500m까지 보고될 수 있다.

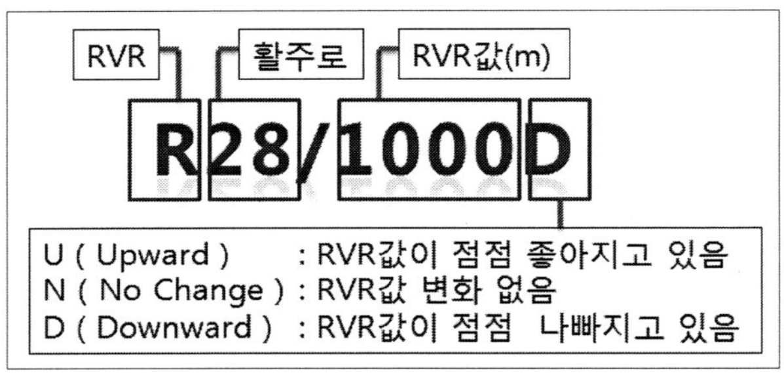

[그림 13] METAR RVR정보 설명

예제에서 'R'은 RVR을, '28'은 활주로(Runway Indicator), '1000'은 RVR값, 'D'는 RVR 변화 경향을 각각 나타낸다.

약어	표기 예문	예문 해석
P: Plus	R28/P1500	1,500m 초과
M: Minus	R28/M0050	50m 미만
V: Variable	R28/0500V1000	RVR 값의 변화범위
FT: Feet	R28/2000FT	FAA에서는 단위로 ft를 사용

<표 14> METAR RVR정보에서 추가로 발행될 수 있는 것들

<u>(g) 현재기상(Present Weather)</u>

Weather Phenomena		
Precipitation	Obscuration	Other
DZ Drizzle RA Rain SN Snow SG Snow Grains IC Ice Crystals PL Ice Pellets GR Hail GS Small Hail UP(Unknown Precipitation)	BR Mist FG Fog FU Smoke DU Dust SA Sand HZ Haze PY Spray VA Volcanic Ash	PO Dust/Sand Whirls SQ Squalls FC Funnel Cloud +FC Tornado SS Sandstorm DS Dust Storm

Qualifier			
Intensirt or Proximity		Descriptor	수식대상
Raw Format	Translated Format		
- Light + Heavy VC in the vicinity	FBL Feeble MOD Moderate HVY Heavy	MI Shallow BC Patches DR Low Drifting BL Blowing SH Showers TS Thunderstorms FZ Freezing PR Partial	FG FG DU,SA,SN DU,SA,SN FG,DZ,RA FG

<표 15> METAR의 Descriptor와 Weather Phenomena

예제에서 'RA'은 약한 강수현상이 있음을 나타낸다. <표 15>와 같이 기상현상은 Weather Phenomena의 약어로 표현되며, 간혹 약어 앞에 Qualifier가 나와 더 세세한 정보를 제공하기도 한다.

Qualifier	설명
MI	안개가 지면으로부터 2m 이내에 얇게 깔려 Light나 Marking이 잘 보이지 않을 때 사용
DR	먼지, 모래, 눈 등이 지면 2m 이내로 흩날릴 때 사용
BL	먼지, 모래, 눈 등이 지면 2m 이상으로 흩날릴 때 사용
FZ	과냉각(Supercooled) 된 물방울로 인해 Icing 위험이 있을 때
VC	비행장 주변 8km 이내에 특정 기상현상이 있을 때 비행장은 포함되지 않으며 비행장 내에도 기상현상이 있으면 VC는 삭제됨 FAA에서는 8~16km를 기준으로 함

<표 16> Qualifier 설명

(h) 구름정보(Cloud Amount, Type and Height of Base)

구름정보는 운량(Amount), 운형(Type), 운저고도(Height of Base)로 나누어 제공된다. 운형은 하늘에 구름이 뒤덮인 정도를 뜻하며 그 정도에 따라 다음과 같이 5가지로 분류된다.

약어	원어	운량
SKC	Sky Clear	0/8
FEW	Few	1/8 - 2/8
SCT	Scattered	3/8 - 4/8
BKN	Broken	5/8 - 7/8
OVC	Overcast	8/9

<표 17> METAR 운량 약어

운형은 구름의 모양을 뜻하며, 안전에 중대한 영향을 미칠 수 있는 위험한 구름인 Cumulonimbus Cloud나 Towering Cumulus가 관측되었다면 METAR정보에 각각 'CB', 'TCU'로 표현한다.

운저고도는 관측지점으로부터 AGL로 표현하며, 고도를 알 수 없는 경우엔 '///' 라는 표시로 그 고도정보를 대신한다. 많은 구름이 낮은 고도로 깔려 그 위의 구름을 관측할 수 없는 경우, 관측자가 확인할 수 있는 최대 수직거리인 Vertical Visibility로 대신하여 표현한다. 예를 들면, 'VV002'와 같은 형식이다. 이는 최대 수직시정이 200ft임을 나타낸다.

예제의 'SCT030 BKN200'은 SCT구름의 밑바닥이 3,000ft에, BKN구름의 밑바닥이 20,000ft에 있음을 나타낸다.

> **■ 더 공부해보기**
>
> - 『Pilot's Handbook of Aeronautical Knowledge』, p. 11-16, Clouds.

(i) 온도, 이슬점(Temperature, Dew Point)

온도와 이슬점은 '온도/이슬점' 형식으로 표현된다. 'M'은 Minus를 의미한다. 예제에서 나온 '03/M01'은 온도 영상 3도, 이슬점 영하 1도를 나타낸다.

(j) QNH(기압정보)

고도계 기압계 세팅을 위해서 현지 해수면 기압을 제공한다. 'Q----' 형식이며 단위는 hPa이다. 예제의 'Q1010'은 QNH 1010hPa을 의미한다. 단, 미국 FAA에서는 'inHg' 단위를 사용하며 'A----'으로 표현한다.

(k) 보충정보(Supplementary Information)

METAR에서는 추가적인 정보를 전달하기 위해 보충정보를 추가할 수도 있다. QNH 정보 이후에 뒤따라 나오며 FAA 규정으로는 Remark를 의미하는 'RMK' 용어를 추가하여 사용한다.

이 보충정보란에는 Becoming을 뜻하는 'BECMG'이란 용어를 사용해 앞으로 있을 기상변화에 관한 관측자의 예상을 알려주거나, 다음과 같은 추가정보가 이어질 수 있다.

예문	해석
NSW	- Nil Significant Weather - 주요기상상태가 없어짐
NOSIG	- No Significant Change - 기상변화가 없음
NSC	- No Significant Cloud - 5,000ft 이하에 구름이 없음 - CB, TCU도 없음
NDV	- Non Directional Visibility - 자동기상관측장비가 방향에 따른 시정변화를 측정할 수 없을 때
NCD	- No Cloud Detected - 자동기상관측장비가 구름을 탐지할 수 없었을 때
GR 2"	- 가장 큰 우박의 크기가 2inch임
A01	- 강수현상을 감지할 수 없는 자동기상관측장비에 의한 METAR 정보임
A02	- 강수현상을 감지할 수 있는 자동기상관측장비에 의한 METAR 정보임
PRESRR	- Pressure Rising - 기압이 빠르게 상승하는 중

예문	해석
PRESFR	- Pressure Falling Rapidly - 기압이 빠르게 하강하는 중
SLP195	- Sea Level Pressure - 해수면에서의 압력이 1019.5hPa임
P0002	- 강수량이 0.02inch라는 뜻
TORNADO B15 7NW	- 직전 시각의 15분게 토네이도 발생 - 공항 북서쪽 7 Statue Mile 지점
PK WND 33035/15	- Peak Wind - 15분 전에 Max Wind가 330°에 35KT 강풍이었으니 주의하라는 이야기
LGT DSNT E	- Lightning Distant to the East of the Station - 공항에서 멀리 떨어진 10~30 Staute Mile에 East 방향으로 번개 발생
WSHFT 30 CD FROPA	- 한랭전선(CD), 온난전선(WRM), 폐색전선(OCLDD) 등이 공항을 지나가서 풍향이 급격히 변화했을 때 사용됨 - Wind Shift, 직전 시각의 30분, Cold Frontal Passage로 해석
RAB11	- Rain Began at 11 min past the hour - 직전 시각의 11분에 강수가 시작됨 - SNB가 나오면 Snow의 뜻됨
RAE08	- Rain Ended at 8 min past the hour - 직전 시각의 8분에 강수가 종료됨 - SNB가 나오면 Snow의 뜻됨
TS NW MOV SW	- Thunderstorm NW of the station is moving to SW - 공항 북서쪽의 뇌우가 현재 남서쪽으로 이동 중
VIRGA NW	- Microburst의 일종인 Virga가 공항 북서쪽에 있음
CBMAM	- Cumulonimbus Mammatus 구름 - 난류, 뇌우, Icing이 동반되니 주의

예문	해석
ACC	- Altocumulus Castellanus 구름 - 난류가 동반되니 주의
SCSL	- Stratocumulus Standing Lenticuar 구름 - 산악지형에 의한 난류 주의
ACSL	- Altocumulus Standing Lenticular 구름 - 산악지형에 의한 난류 주의
CCSL	- Cirrocumulus Standing Lenticular - 산악지형에 의한 난류 주의
ROTOR CLD	- ROTOR Cloud - 산악지형에 의한 난류 주의

<표 18> METAR 보충정보에 사용될 수 있는 내용

(l) 기타

- AUTO: 기상관측이 장비에 의해 자동관측 되어 METAR가 발행될 때 나오는 용어. 기상관측자(사람)가 개입하여 METAR를 발행한 경우엔 AUTO가 즉시 삭제된다.
- COR: 오타가 있어서 정정할 필요가 있을 때 나오는 용어. COR가 나오면 관측시간도 오타를 수정한 시각으로 바뀌어서 나오게 된다.
- NIL: METAR 발행을 위한 기상관측이 수행되지 않았을 때 나오는 용어이다.

(3) TAF(Terminal Aerodrome Forecast)

TAF는 현재로부터 유효시간(Validity Period) 내의 기상변화를 예보한다. METAR가 현재의 기상상태를 의미한다면, TAF는 F(Forecast)에서 알 수 있듯이 미래의 기상변화를 예측하는 것이라고 할 수 있다. 유효시간

은 6시간에서 30시간 사이이고, 보통 6시간(일부 공항의 경우 3시간) 간격
으로 발행된다.

① TAF의 종류

TAF의 종류	설명
FT TAF	- 유효시간 12시간 이상 - 매일 6시간 간격으로 발행
FC TAF	- 유효시간 12시간 미만 - 매일 3시간 간격으로 발행

<표 19> TAF으 종류

② TAF 해석

TAF는 일정 양식(Format)에 따라 순서대로 기상예보를 제공한다. 다음의 TAF 예제를 들어 공부해보자.

■ 예제

TAF RKTH 220500Z 2206/2312 24010KT 9999 SCT030 SCT200
BECMG 2209/2210 15010KT BR BKN 030 OVC 080

(a) 보고의 종류(Identification of the Type of Report)

TAF의 시작은 보통 'TAF', 'FT' 'FC' 중에 하나로 시작한다.

(b) 지명부호(Location Indicator)

지명부호는 공항을 나타내는 정보이다. RKTH는 포항공항의 식별코드이다.

<u>(c) 발표시각 및 유효시간</u>(Issuing Time and Validity Period)

[그림 14] TAF의 발표시각과 유효시간 설명

발표시각은 TAF가 발행된 때이고, 유효시간은 TAF가 효력을 갖는 시간이다. TAF는 보통 유효시간이 시작되기 1시간 전 이내에 발행되는 것이 보통이다.

<u>(d) 기상요소</u>(Weather Elements)

TAF의 기상정보는 METAR의 기상정보와 동일한 방식으로 표현되지만, 필요한 정보만 선택하여 나타낸다는 것에는 차이가 있다. 예제에서도 바람, 시정, 구름정보만 선별하여 구성되어 있다.

<u>(e) 최고/최저기온</u>

TAF의 유효시간 내에 최고, 최저기온 중 먼저 발생하는 온도 순서로 예상시각과 함께 발행된다. 최고기온(Maximum Forecast Temperature)은 'TX', 최저기온(Minimum Forecast Temperature)는 'TM'으로 표시된다.

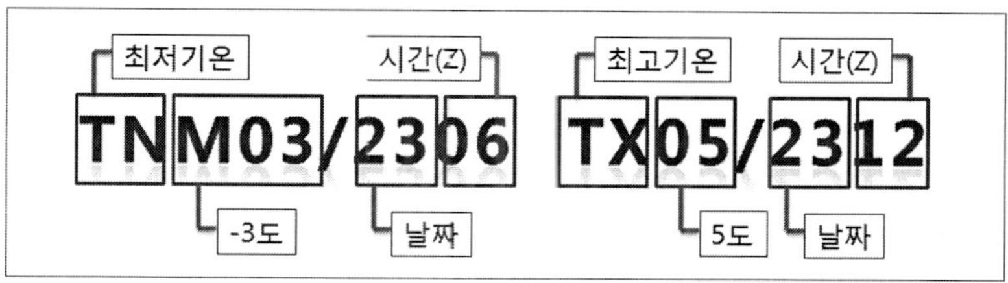

[그림 15] TAF의 최고/최저기온 설명

(f) Change Group

Change Group은 유효시간 내 일정 기간 동안의 기상변화를 한데 묶어 설명하기 위해 사용하는 그룹으로 'BECMG', 'FM', 'TEMPO'가 있다. 모든 기상변화가 발행되는 것은 아니고 이전의 기상과 비교했을 때, VFR, IFR, Below Minimum 단계 간의 변화를 유발할 수 있는 기상만 선별되어 발행된다.

구분	설명
BECMG (Becoming)	**BECMG 0917/0919** 변화시작일시(Z) 변화종료일시(Z) - 기상변화가 천천히(약 1~4시간) 진행될 때 사용 Ex) BECMG 0917/0919 4800 BR BKN010 OVC030
FM (From)	**FM 091700** 날짜 시간 분 - 기상변화가 빠르게(1시간 미만) 진행될 때 사용 - 빠른 기상변화를 반영하기 위해서 분 단위 이용 Ex) FM 091700 0500 +RA OVC010CB

구분	설명
TEMPO (Temporary)	 - 짧은(1시간 미만) 기상 현상이 빈번히 발생 Ex) TEMPO 0917/0921 2000 -RA BKN060

<표 20> TAF Change Group의 종류

(g) Probability

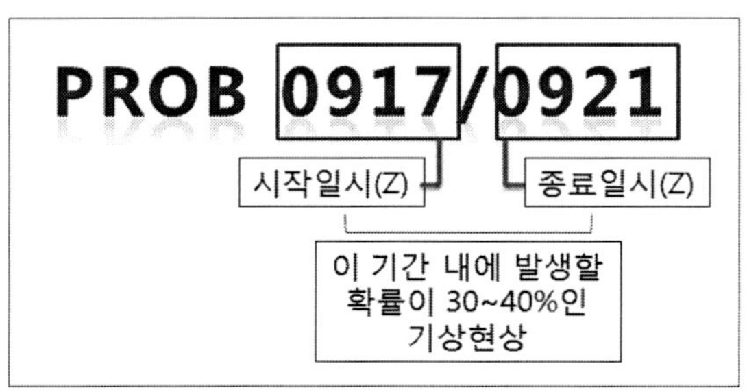

[그림 16] TAF의 PROB 설명

'PROB'으로 나타내며 일어날 확률이 30~40%일 때 사용한다. 30% 미만은 확률이 극히 적어 제외하고, 40% 이상은 Change Group을 이용하여 발행한다.

(h) 기타

- AMD: 기상변화로 인해 예보를 수정할 필요가 있을 때 발행되는 용어
- COR: 오타를 정정할 필요가 있을 때 사용하는 용어

(4) 한반도 WINTEM

한반도 WINTEM은 저고도 항공기상정보 포털(http://global.amo.go.kr/)
에서 '공역기상-한반도 WINTEM' 경로도 들어가면 확인할 수 있다. 한반
도 WINTEM에서는 바람예상정코를 고도별, 시간별로 확인할 수 있다.

고도를 세팅하는 곳의 단위가 hPa로 되어있는데, 2,500ft는 925hPa,
5,000ft는 850hPa, 10,000ft는 700hPa을 선택하면 된다. 시간 세팅은
지도 우측 하단에 있는 시각에서 비행시각까지의 차를 더해주면 된다.
UST는 세계표준시간대를, KST한국시간을 의미한다.

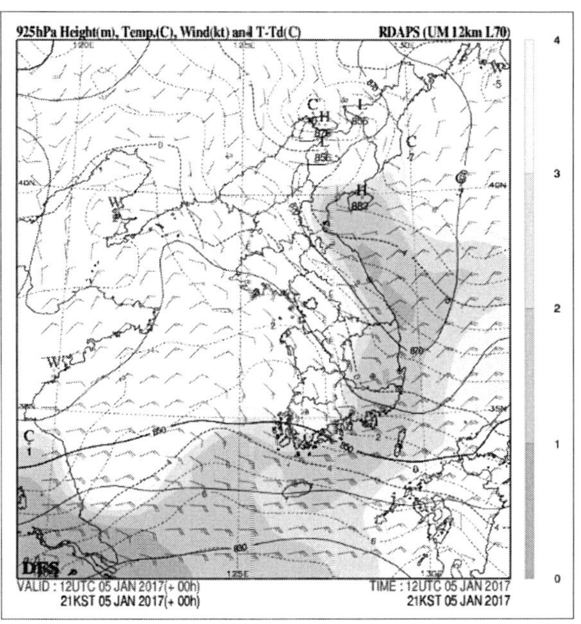

[그림 17] 한반도 WINTEM

추가로 기온과 이슬점의 차(T-Td)가 4도 미만일 경우에는 노란색으로
지도 위에 표시를 해준다. 해당 지역은 기온과 이슬점이 서로 비슷하므

로 비행 시 저시정(Low Visibility)이나 Icing 상황(외부기온이 3℃ 이하인 고도일 때)에 대비해야 한다.

(5) AIRMET

AIRMET은 소형 항공기를 대상으로 위험할 수 있는 기상현상들을 매일 6시간마다, 혹은 필요시 즉시 발행되는 Inflight Weather Advisory이다. 뇌전, 보통난류, CB, TCU, CLD, 지상강풍, IFR 구역, Icing, 산악파, MT OBSC 지역을 확인할 수 있다.

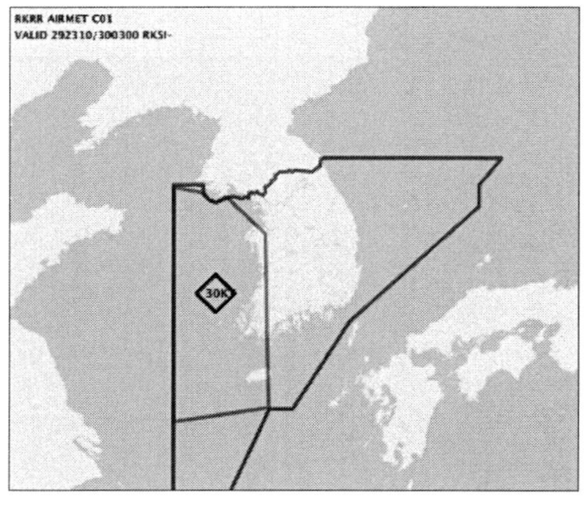

범례	기호	구역
뇌전	↟	—
보통난류	⋏	—
CB	CB	—
TCU	TCU	—
CLD	CLD	—
지상강풍	◇	—
계기비행구역	SFC VIS	—
보통착빙	⩊	—
산악파	○	—
MT OBSC	MT OBSC	——

[그림 18] AIRMET

■ 더 공부해보기

- 『Pilot's Handbook of Aeronautical Knowledge』, p. 12-12, AIRMET.

(6) SIGMET

　SIGMET은 모든 항공기를 대상으로 위험할 수 있는 기상현상들을 필요시에 발행하는 Inflight Weather Advisory이다. 한 번 발행되면 4시간 동안 유효하다. 뇌전, 태풍, 강한난류, Severe Icing, Dust Storm, Sand Storm, 강한산악파, 화산재, 방사능구름 지역을 확인할 수 있다. 저고도 항공기상정보 포털에서 '특보-SIGMET' 경로로 들어가면 볼 수 있다.

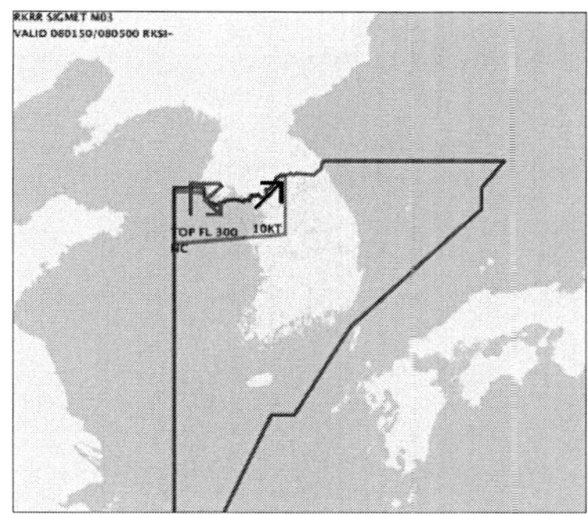

범례	기호	구역
뇌전	⌐⌐	—
열대성저기압	⊙	⌢
강한난류	⋏	—
강한착빙	⬜	—
강한먼지	⫩	—
강한모래보라	SS	—
강한산악파	○	—
화산재	⛰	—
방사능구름	☢	—

[그림 19] SIGMET

■ 더 공부해보기
- 『Pilot's Handbook of Aeronautical Knowledge』, p. 12-13, SIGMET.

(7) Area Forecast(공역기상 SFC-FL100)

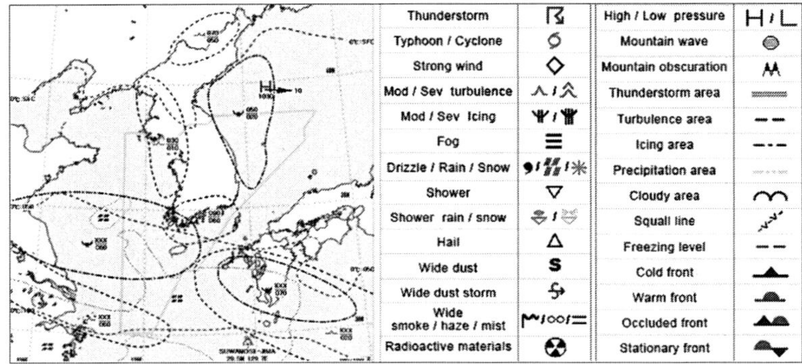

[그림 20] Area Forecast

Area Forecast는 일반적인 기상상황을 지도로 보여준다. 하루 세 번 발행되며, 18시간 동안 유효하다. 비행 안전을 위해 비행경로에 있는 모든 사항을 확인해야 할 필요가 있다. 저고도 항공기상정보 포털에서 '공역기상-SFC-FL100' 경로로 들어가면 볼 수 있다.

> **■ 더 공부해보기**
>
> - 『Pilot's Handbook of Aeronautical Knowledge』, p. 12-11 FA.

(8) NOTAM(Notice to Airman)

① NOTAM이란?

NOTAM은 비행의 안전에 있어서 중요한 정보의 변경을 항공종사자들에게 알리는 역할을 한다. AIP(Aeronautical Information Publication)의 내용을 보충하거나 급하게 정보를 전파할 필요가 있을 때 발행된다. NOTAM의 종류로는 공항, NAV Aid 등에 관련된 NOTAM(D), 주로 공역에 관련된 FDC NOTAM, 군과 관련된 Military NOTAM 등이 있다.

② NOTAM을 찾을 수 있는 곳

NOTAM은 UBIKAIS(Aeronautical Information System of Korea) 홈페이지에 들어가면 볼 수 있다.

> - UBIKAIS 주소: http://ubikais.fois.go.kr/

홈페이지에 접속해서 'NOTAM-NOTAM(graphic briefing)-지도 보기' 경로로 들어가서 확인하면 된다. NOTAM을 일일이 Text로 확인할 수도 있지만 시간이 오래 걸리기 때문에 보통 Graphic Briefing을 사용한다.

③ NOTAM 해석

다음은 UBIKAIS에서 찾은 NOTAM의 예이다. 다음의 예제를 들어 NOTAM 해석법을 알아보자.

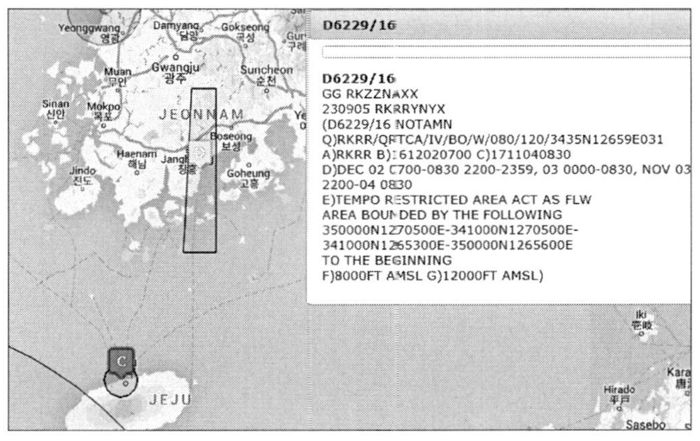

[그림 21] 전남지역에 실제로 발효되었던 NOTAM

지도에 표시된 NOTAM 중에 비행경로에 있는 NOTAM을 클릭해보자. 클릭하면 [그림 21]과 같이 우측 상단에 Text가 나온다. Text의 내용은 아래와 같다.

```
D6229/16 ·················································································· (a)
GG RKZZNAXX 230905 RKRRYNYX ·········································· (b)
(D6229/16 NOTAMN ···························································· (c)
Q)RKRR/QRTCA/IV/BO/W/080/120/3435N12659E031 ················ (d)
A)RKRR ············································································ (e)
B)1612020700 ·································································· (f)
C)1711040830 ·································································· (g)
D)DEC 02 0700-0830 2200-2359, 03 0000-0830, NOV 03 2200-04
0830 ················································································ (h)
E)TEMPO RESTRICTED AREA ACT AS FLW
AREA BOUNDED BY THE FOLLOWING
350000N1270500E-341000N1270500E-341000N1265300E-
350000N1265600E
TO THE BEGINNING ··························································· (i)
F)8000FT AMSL
G)12000FT AMSL) ···························································· (j)
```

<표 21> NOTAM의 Text 예시

(a) NOTAM No.

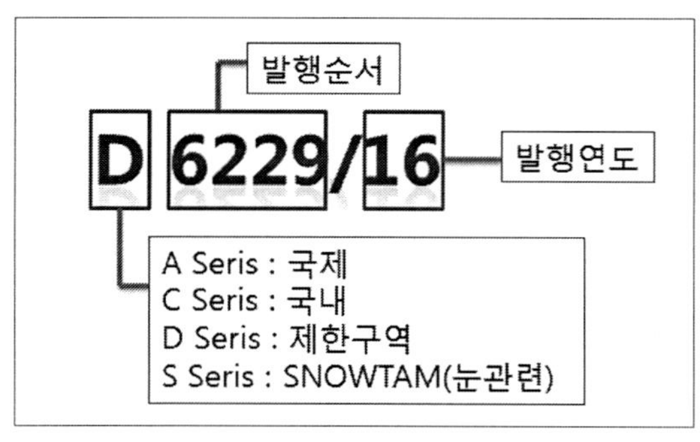

[그림 22] NOTAM No.의 해석

첫째 줄은 NOTAM의 이름과 같은 역할을 한다. 첫 번째 글자는 NOTAM의 시리즈를, 이어서 나오는 4자리의 숫자는 발행된 순서를, 뒤의 2자리 숫자는 발행된 연도를 의미한다. 예제의 'D6229/16'은 2016년도에 6229번째로 발행된, D Seris NOTAM임을 나타낸다.

(b) NOTAM Office

두 번째 줄은 NOTAM Office에서 사용하는 것으로 조종사에게 필요한 정보는 아니다.

(c) NOTAM N/R/C/S

세 번째 줄은 NOTAM의 성격을 의미하며 N(New)은 신규 NOTAM을, R(Replace)은 이전 NOTAM의 대체를, C(Cancel)는 NOTAM의 취소를, S(SNOWTAM)은 눈과 관련된 NOTAM을 나타낸다.

(d) NOTAM Format Item Q

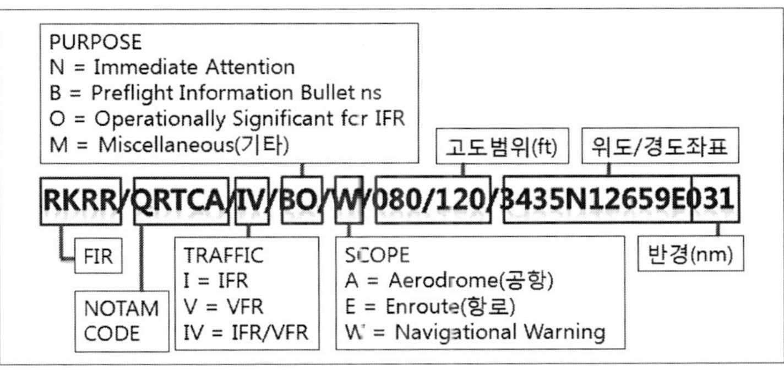

[그림 23] NOTAM Format Item Q의 해석

네 번째 줄의 NOTAM은 NOTAM Format Item Q로써 8가지 정보를

지니고 있다. 여기서 특히, 두 번째로 나오는 NOTAM CODE의 경우엔
NOTAM의 내용을 알 수 있다. 형식은 'Q+□□+□□'이며 두 개의 알파
벳으로 된 Q-code를 찾아야 뜻을 알 수 있다. Q-code는 블로그(http://
usefulmemo.tistory.com)의 자료실에 누구나 다운 받아볼 수 있도록 첨부
파일로 공개되어 있으니 참고하자. 예제의 Q-code 'QRTCA'를 첨부파일
에서 찾아보면 RT는 '임시제한구역(Temporary restricted area)'을, 'CA'는 '활
성화(Activated)'를 의미하는 것을 알 수 있다. Q-code를 모두 외우는 것
은 불가능하니 필요할 때마다 자료를 보고 해석할 줄 알아야 한다. 혹,
해석이 안 되더라도 뒤이어 나오는 Text 중 'E)' 항목에 평문으로 해석된
내용(Decoded NOTAM code in Plain Language)이 나오므로 이 부분을 참고
해도 좋다.

(e) 공항 또는 FIR

'A)'로 표시된 곳에는 NOTAM이 해당하는 공항의 식별코드나 FIR의
이름이 나온다.

(f) NOTAM 효력 시작 시각

'B)'로 표시된 곳에는 NOTAM의 효력이 시작되는 시각이 적혀있다. 한
가지 주의할 점은 이것은 효력시작시간이지 적용시간이 아니라는 것이
다. 실제 비행을 할 수 없는 시간대는 아래(h) 항에 설명된 NOTAM 적
용 시간을 참고하자. 예제의 '1612020700'은 2016년 12월 2일 7시(Zulu
time)에 NOTAM이 시작된다고 해석하면 된다.

(g) NOTAM 효력 종료 시각

'C)'로 표시된 곳에는 NOTAM의 효력이 종료되는 시각이 적혀있다. 해석법은 위의 효력 시작 시각과 같다.

(h) NOTAM 적용 시간

'D)'로 표시된 곳에는 NOTAM이 실제로 적용되는 시간을 뜻한다. 여기에 표시된 시간대에는 비행할 때 절대 해당 구역을 침범하면 안 된다. 형식은 '월, 일, 시간대'로 되어있다.

(i) Decoded NOTAM code in Plain Language

'E)'로 표시된 곳에는 앞서 설명한 Q-code를 평문으로 해석한 내용이 나온다. 약어는 ICAO abbreviation의 기준을 따른다.

(j) NOTAM 적용 고도범위

'F)'는 고도제한이 시작되는 고도이고 'G)' 고도제한이 끝나는 고도이다. 단위는 ft를 사용하며, AMSL은 해수견고도(MSL)을 의미한다.

> **■ 더 공부해보기**
> - 『Jeppesen Airway Manual』 p. 588, NOTAM.

(9) AMOS(Automated Meteorological Observing System)

AMOS는 공항마다 설치되어있는 항공기상관측장비를 말한다. 비행을 하려 Ramp(주기장)에 나가기 직전에 바른, 기온/이슬점, 현재 기압 등의 정보를 Pre-Flight Briefing에 기록하도록 한다. 가장 최근의 자료일수록 신뢰할 수 있기 때문이다.

(10) 기타 필요사항

마지막으로 훈련공역 위치, TPN(Traffic Pattern, 장주비행)의 유무, 비행 시간대 등 기타 필요하다고 생각되는 정보들을 적어둔다.

4) Departure Airport

Departure Airport는 항공기가 이륙하는 공항으로서, 출발공항의 정보를 적어두는 공간이다. 공항정보는 AIS(Aeronautical Information Services)의 홈페이지(http://ais.casa.go.kr/)에 가면 찾아볼 수 있다. 'AIP-AD' 경로로 들어가서 원하는 공항의 TEXT 정보나 CHART 정보를 얻을 수 있다.

(1) Identifier

출발공항의 식별코드를 써넣는다. 울진공항의 경우 RKTL을 사용한다.

(2) Elevation

'RKTL-CHART'에서 'Visual Apch Chart'를 보게 되면 상단에 'AD ELEV(Aerodrome Elevation, 공항표고)'가 175ft임을 알 수 있다.

(3) Runway

'RKTL-CHART'의 'Aerodrome Chart'에서 활주로 번호가 17, 35임을 알 수 있다.

(4) Runway Length

'RKTL-TEXT'에서 '2.12 Runway Physical Characteristics'에서 활주로
의 길이가 1,800×45m임을 알 수 있다. ft 단위로 변환하면 5,906×148ft
이다.

(5) Temperature

AMOS의 기온정보를 기입한다.

(6) Altimeter Setting

AMOS의 기압정보를 기입한다.

(7) Pressure Altitude

AMOS의 자료를 PA 공식에 대입하여 값을 산출한다.

```
PA(ft)=(29.92inHg-Current Pressure)×1,000+FE
      =(29.92-30.02)×1,000+175
      =75ft
```

> **■ 더 공부해보기**
> - 『조종사 교과서 1』, p. 146, Pressure Altitude.

(8) Density Altitude

AMOS의 자료를 DA 공식에 대입하여 값을 산출한다.

DA(ft)=(Current Temperature - 15℃)×120+PA
         =(6.4-15)×120+75
         =-957ft

■ 더 공부해보기
- 『조종사 교과서 1』, p. 146, Densitiy Altitude.

5) Destination Airport

Destination Airport는 항공기가 착륙하는 공항으로써, 도착공항의 정보를 적어두는 공간이다. 작성방식은 Departure Airport와 같다.

6) Takeoff Performance

(1) Takeoff Weight

이륙 당시의 중량을 기입하면 된다. 앞서 Weight & Balance에서 구한 값을 사용한다.

(2) Ground Roll

Ground Roll 단계란 항공기가 활주로 지면 위에서 가속하여 이륙에 필요한 속도를 얻어 지면으로부터 랜딩기어가 공중에 뜨는 순간(Airborne)까지를 의미한다. 다른 말로 Takeoff Roll이라고도 한다.

조종에 있어서 Ground Roll이 중요한 이유는 항공기의 이륙에 필요한 활주로 길이가 유한하기 때문이다. Ground Roll의 길이가 너무 길면 활주로 끝에서 항공기가 이륙하지 못해 사고가 날 수 있다. 특수한 상황이나 비정상적인 상황, 그리고 지나치게 짧은 활주로 문제 등을 고려했을 때, 이 항공기가 주어진 활주로 길이조건에서 이륙할 수 있는지를 Ground Roll과 Takeoff Distance의 길이로 판단하게 된다.

Takeoff Performance에서 Ground Roll과 Takeoff Distance는 Short-field Takeoff 방식을 따른다. 이륙할 수 있는 최소거리를 구하는 데 목적이 있기 때문에, 가장 짧은 거리로 이륙할 수 있는(Short-field) 이륙방식을 택하는 것이다.

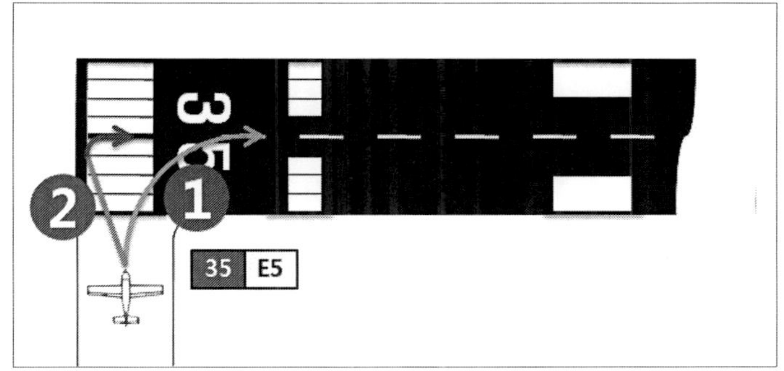

[그림 24] Ground Roll 시작점 비교

일반적으로 항공기가 활주로로 진입할 때는 [그림 24]의 1번처럼 진입하지만, Short-field Takeoff에서의 Ground Roll의 시작은 주어진 활주로길이를 최대한 이용하기 위해서 [그림 24]의 2번과 같이 Runway Threshold의 끝부분 지점을 향한다. Threshold와 Runway Centerline이 만나는 곳에서 급회전(Brake와 Full Rudder를 이용)하여 Threshold 상에서 정지한다. Flap은 10°로 세팅하고, 이륙을 위해 Full Power를 넣을 때는 Full Brake를 사용해 항공기가 앞으로 나아가지 못하게 하다가 (Ground Roll을 최소화하기 위함), 엔진 Power가 절정에 이르렀을 때, Brake

를 슬며시 풀어주어 이륙을 위한 활주(Ground Roll)를 시작하게 된다. 속도가 VR(51KTS)에 이르러 이륙을 하게 되면, 200AGL까지 상승하는데 Vx(62KTS)의 속도를 유지하여 가파르게 상승하고, 200AGL 다음부터는 속도가 70KTS를 넘어서면 Flap을 모두 올리고 나서 Vy(74KTS)로 상승하면 된다.

C172S 항공기의 Ground Roll, Takeoff Distance는 POH에서 계산할 수 있다. C172S 항공기는 Ground Roll과 Takeoff Distance를 구하기 위해 T/O weight가 2,550lbs, 2,400lbs, 2,200lbs일 때의 Performance Table을 제공한다. 기존에 계산된 Takeoff Weight가 2,494lbs였으므로 이럴 경우엔 가장 근접한 중량인 2,550lbs의 표를 이용하면 된다.

■ Short Field Takeoff Distance at 2550 Pounds

Conditions:
Flaps 10°
Full Throttle prior to brake release.
Raved, Level, Dry Runway   Lift off: 51 KIAS
Zero Wind   Speed at 50ft: 56 KIAS

Pressure Altitude Feet	0℃		10℃		20℃		30℃		40℃	
	Gnd Roll	Total Feet to Clear 50 Foot Obst	Gnd Roll	Total Feet to Clear 50 Foot Obst	Gnd Roll	Total Feet to Clear 50 Foot Obst	Gnd Roll	Total Feet to Clear 50 Foot Obst	Gnd Roll	Total Feet to Clear 50 Foot Obst
Sea level	860	1,465	925	1,575	995	1,690	1,070	1,810	1,150	1,945
1,000	940	1,600	1,010	1,720	1,090	1,850	1,170	1,990	1,260	2,135
2,000	1,025	1,755	1,110	1,890	1,195	2,035	1,285	2,190	1,380	2,355
3,000	1,125	1,925	1,215	2,080	1,310	2,240	1,410	2,420	1,515	2,605
…	…	…	…	…	…	…	…	…	…	…
8,000	1,820	3,265	1,970	3,575	2,120	3,880	2,280	4,225	2,450	4,615

- Short field technique as specified in Section 4.
- Prior to takeoff from fields above 3,000ft pressure altitude, the mixture should be leaned to give maximum RPM in a full throttle, static run-up.
- **Decrease distances 10%** for **each 9 knots** head wind. For operation with **tail winds** up to 10 knots, **increase distances by 10%** for **each 2knots**.
- For operation on dry grass runway, increase distances by 15% of the "ground roll" figure.

<표 22> Short Field Takeoff Distance at 2550 Pounds

앞서 구한 PA가 75ft였고, Temperature가 6.4℃이었으니 해당 조건을 <표 22>에서 찾아보면 Ground Roll은 약 890 ft(Zero Wind 상황)임을 알 수 있다.

Ground Roll에서 한 가지 더 고려해야 할 사항은 Wind이다. <표 22>의 주석에서도 나와 있듯 Headwind(혹은 Tailwind)에 대해서도 고려해주어야 한다. Headwind의 경우 9KTS 당 Ground Roll이 10% 감소하고, Tailwind의 경우 2KTS 당 Ground Roll이 10% 증가한다. 이 DATA에서 알 수 있듯이 지나치게 길어지는 Distance 때문에 Tailwind에는 Landing이나 Takeoff를 하지 않아야 함을 알 수 있다. 예제에서는 바람이 180°에 10KTS가 불고 있었으므로 Runway 35사용 시 Headwind는 약 9KTS가 되어 Ground Roll은 890ft의 90%인 801ft가 된다.

Headwind를 좀 더 정확히 계산하고 싶으면 각 항공기의 POH마다 수록된 [그림 25]를 이용하면 정확히 계산할 수 있다. 예를 들어서 바람의 세기가 25KTS이고 활주로와의 각도 차가 30°이면 Headwind는 약 22KTS, Crosswind는 약 12TKS임을 알 수 있다.

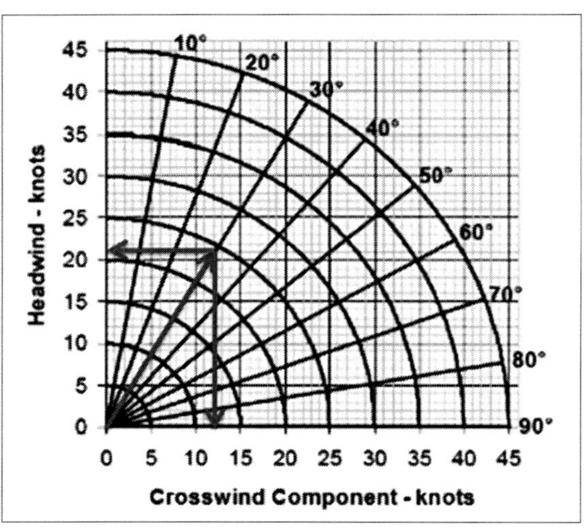

[그림 25] Wind의 Headwind/Crosswind 성분계산

Crosswind Correction
Angle Between Wind Direction and True Course

Each cell shows Headwind (upper-left) / Crosswind (lower-right).

Wind Speed Knots	0°	10°	20°	30°	40°	50°	60°	70°	80°	90°
10	10/0	10/2	9/3	9/5	8/6	6/8	5/9	3/9	2/10	0/10
20	20/0	20/3	19/7	17/10	15/13	13/15	10/17	7/19	3/20	0/20
30	30/0	30/5	28/10	26/15	23/19	19/23	15/26	10/28	5/30	0/30
40	40/0	39/7	38/14	35/20	31/26	26/31	20/35	14/38	7/39	0/40
50	50/0	49/9	47/17	43/25	38/32	32/38	25/43	17/47	9/49	0/50
60	60/0	59/10	56/21	52/30	46/39	39/46	30/52	21/56	10/59	0/60
70	70/0	69/12	66/24	61/35	54/45	45/54	35/61	24/66	12/69	0/70

Headwind 0 / 0 Crosswind

[그림 26] E-6B Flight Computer

POH의 그림이 복잡하다면 E6-B Flight Computer에 나와 있는 성분 계산표를 이용해도 좋다.

~~~
Crosswind Rule of Thumb

15°  ⇒  1/4  (25%)
30°  ⇒  2/4  (50%)
45°  ⇒  3/4  (75%)
60°  ⇒  4/4  (100%)
~~~

[그림 27] Wind Component Rule of Thumb

그것이 아니라면 Rule of Thumb(정길하지는 않지만 대략적으로 맞는 조종사들만의 암산법)을 이용하여 [그림 27]과 같은 방식을 사용할 수도 있다. 예를 들어 바람이 10KTS이고 활주로와의 각도 차가 30°라면 2/4인 5KTS만이 Headwind가 되는 것이다.

> ■ 더 공부해보기
> - 『Airplane Flying Handbook』, p. 5-1, Takeoff Roll.
> - 『C172S POH』, p. 5-15, Short Field Takeoff Distance.
> - 『C172R POH』, p. 5-14, Short Field Takeoff Distance.

(3) Takeoff Distance

항공기가 Ground Roll을 포함해서 공중(Airborne)에 뜬 다음 지면으로부터 35ft(C172S POH에서는 50ft) 높이까지 상승하기까지 걸리는 총 거리를 Takeoff Distance라고 한다. 계산하는 방법은 Ground Roll을 POH에서 찾는 방식과 같다. <표 22>에서 PA 75ft, Temperature가 6.4℃에 맞는 Takeoff Distance를 찾아보면 약 1,950ft(Zero wind)가 나온다. 앞서 계산한 Headwind가 9KTS였으므로 10%를 감해주면 최종 Takeoff Distance는 1,855ft가 나온다.

(4) VLO(Lift off)

VLO는 항공기가 활주를 시작하여 공중에 뜨기 시작하는 순간의 속도를 말한다. VR(Rotation Speed)과 구분해서 사용해야 하는데 VR은 활주를 시작하여 이륙을 위해 이륙자세(Pitch를 들어 이륙자세를 취함)를 취하는 속도이지 랜딩기어가 지면으로부터 벗어나 공중에 뜨는 때는 아니다. C172S의 VLO Speed는 51KTS이다.

> ■ **더 공부해보기**
> - 『조종사 교과서 1』, p. 141, VLO & VR.

(5) Speed at 50ft

〈표 22〉에서 알 수 있듯이 C172S의 Speed at 50ft는 56 KTS이다.

(6) Rate of Climb

이륙하여 상승할 때, 상승률이 VSI(Vertical Speed Indicator)에 어느 정도 나올지 예측하는 란이다. 항공기 POH의 Climb Performance를 확인하면 찾을 수 있다.

■ Maximum Rate of Climb at 2550 Pounds

Conditions:
Flaps up
Full Throttle

Pressure Altitum	Climb Speed KIAS	Rate of Climb - FPM			
		-20℃	0℃	20℃	40℃
Sea Level	74	855	785	710	645
2,000	73	760	695	625	560
4,000	73	685	620	555	495
…	…	…	…	…	…
12,000	72	255	195	135	-

NOTE

Mixture leaned above 3,000ft pressure altitude for maximum RPM.

<표 23> Maximum Rate of Climb at 2,550 Pounds

〈표 23〉에서 PA 75ft, Temperature가 6.4℃에 맞는 Rate of Climb를 찾아보면 약 760fpm임을 알 수 있다.

■ 더 공부해보기

-『조종사 교과서 1』, p. 147, VSI.

7) Landing Performance

(1) Landing Weight

착륙 당시의 중량을 기입하면 된다. 앞서 Weight & Balance에서 구한 값을 사용한다.

(2) Ground Roll

Landing에서 Ground Roll이란 착륙과정에서 항공기의 Landing Gear가 지면에 닿는 순간부터 항공기가 활주로 위에서 완전하게 정지하는 순간까지를 의미한다.

Landing에서 Ground Roll과 Landing Distance는 Short-field Landing 방식을 따른다. 착륙하는 데 있어 필요한 활주로의 최소거리를 구하는 데 목적이 있기 때문에, 가장 짧은 거리로 Landing 할 수 있는(Short-field) 착륙방식을 택하는 것이다.

C172S 항공기의 Short Field Landing 방식은 다음과 같다. Flap은 Full Flap(30°)를 사용하여 Vref(62KTS)를 이용해 Vapp(약 67KTS)를 계산한 후, 계속 Approach를 한다. 활주로에 다 와서 지면에 Landing Gear가 닿았을 때는, 바로 Flap을 모두 올리고, Brake를 주면서 Yoke를 뒤로 서서히 끝까지 당겨주면서 마찰력을 높여 최소의 활주로만으로 착륙할 수 있게 한다.

C172S 항공기의 Ground Roll과 Landing Distance는 POH에서 계산할 수 있다. C172S 항공기는 Ground Roll과 Takeoff Distance를 구하기 위해 T/O weight가 2,550lbs일 때의 Performance Table을 제공한다.

■ Short Field Landing Distance at 2550 Pounds

Conditions:

Flaps FULL
Power IDLE
Maximum Braking

Zero Wind
Paved, Level, Dry Runway
Speed at 50 ft: 61KIAS

Pressure Altitude Feet	0℃		10℃		20℃		30℃		40℃	
	Gnd Roll ft	Total Feet to Clear 50 Foot Obst	Gnd Roll ft	Total Feet to Clear 50 Foot Obst	Gnd Roll ft	Total Feet to Clear 50 Foot Obst	Gnd Roll ft	Total Feet to Clear 50 Foot Obst	Gnd Roll ft	Total Feet to Clear 50 Foot Obst
Sea Level	545	1,290	565	1,320	585	1,350	605	1,380	625	1,415
1,000	565	1,320	585	1,350	605	1,385	625	1,420	650	1,450
2,000	585	1,355	610	1,385	630	1,420	650	1,455	670	1,490
3,000	610	1,385	630	1,425	655	1,460	675	1,495	695	1,530
…	…	…	…	…	…	…	…	…	…	…
8,000	735	1,585	760	1,630	790	1,670	815	1,715	840	1,755

NOTE

- Short field technique as specified in Section 4.

- Decrease distances **10%** for each **9 knots** head wind.
  For operation with **tail winds** up to 10 knots, increase distance
  by **10%** for each **2 knots**.

- For operation on dry grass runway, increase distances by 45% of the "ground roll" figure.

- If landing with flaps up, increase the approach speed by 9 KIAS and allow for 35% longer distances.

<표 24> Short Field Landing Distance at 2,550 Pounds

앞서 구한 PA가 75ft였고, Temperature가 6.4℃이었으니 해당 조건을 <표 24>에서 찾아보면 Ground Roll은 약 560ft(Zero Wind 상황)임을 알 수 있다. Ground Roll에서 한 가지 더 고려해야 할 사항은 Wind

이다. <표 24>의 주석에서도 나와 있듯 Headwind(혹은 Tailwind)에 대해서도 고려해주어야 한다. Headwind의 경우 9KTS 당 Ground Roll이 10% 감소하고, Tailwind의 경우 2KTS 당 Ground Roll이 10% 증가한다. 이 DATA에서 알 수 있듯이 지나치게 길어지는 Distance 때문에 Tailwind에는 Landing이나 Takeoff를 하지 않아야 함을 알 수 있다. 예제에서는 바람이 180°에 10KTS가 불고 있었으므로 Runway 35사용 시 Headwind는 약 9KTS가 되어 Ground Roll은 560ft의 90%인 504ft가 된다.

> ■ 더 공부해보기
> - 『Airplane Flying Handbook』, p. 5-17, Short-field Landing.
> - 『C172S POH』, p. 5-24, Short Field Landing Distance.
> - 『C172R POH』, p. 5-21, Short Field Landing Distance.

(3) Landing Distance

항공기가 착륙을 위해 공중에서부터 활주로로 Approach 할 때, 지면으로부터 50ft 높이 시점부터 착륙하여 Ground Roll까지의 거리를 합한 것을 Landing Distance라고 한다.

거리를 계산하는 방법은 Ground Roll을 POH에서 찾는 방식과 같다. <표 24>에서 PA 75ft, Temperature가 6.4℃에 맞는 Landing Distance를 찾아보면 약 1,310ft(Zero wind)가 나온다. 앞서 계산한 Headwind가 9KTS였으므로 10%를 감해주면 최종 Takeoff Distance는 1,179ft가 나온다.

(4) Approach Speed

착륙을 위하여 항공기가 활주로로 Approach를 할 때 맞춰야 하는 속도이다. 구하는 공식은 [그림 28]과 같다.

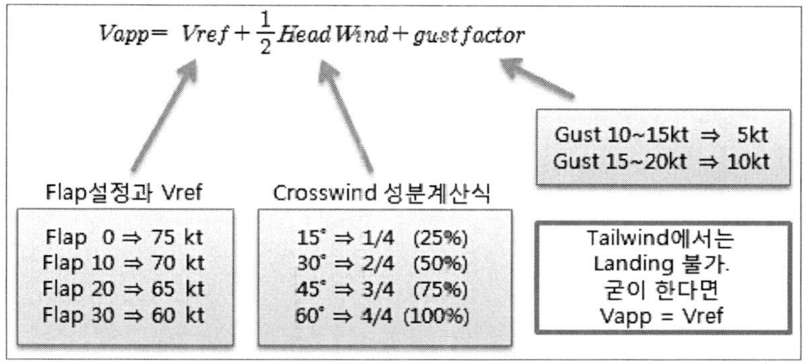

[그림 28] Approach speed

Short-field Landing에서의 Vref는 62KTS(비행학교마다 다를 수 있음)로 지정되어있으니 62KTS를 사용하고 이에 Headwind의 1/2과 Gust Factor를 합하여 주면 된다. 예제에서는 67KTS(62+5), 혹은 Gust Factor를 포함하여 77KTS(62+5+10)를 기입하면 된다.

> ■ 더 공부해보기
> -『조종사 교과서 1』, p. 300, Landing Airspeed.

8) I.P Signature

Pre-Flight Briefing에서 지금까지 다뤄왔던 모든 정보를 토대로 비행을 나갈지(Go), 취소(no-Go)할지를 결정한다. 담당 교관(Instructor Pilot)과

상의하여 비행을 할 것으로 결정이 나면 Signature 란에 교관의 서명을
받는다.

9) M.M Sigmature

항공기의 정비에 이상이 없다는 것을 항공정비사(Maintenance
Mechanic)의 서명을 받고나서 최종적으로 해당 항공기의 비행에 나서면
된다.

2. Flight Plan

국내의 모든 비행의 경우 반드시 비행하기 전에 Flight Plan을 해당 공항 관제기관(항공정보실)에 제출하도록 되어있다(미국에서는 VFR 비행의 경우는 Flight Plan 제출 여부를 선택할 수 있음). Flight Plan의 목적은 사고가 발생한 항공기의 구조에 있다. 비행 전 미리 항공기의 도색, ETA(예상 도착시간), 총 탑승 인원, 비행경로, 구명조끼 보유 여부, 기장의 휴대폰 번호 등의 정보를 미리 관계기관에 알려주어, 사고 발생 시 구조대가 항공기를 빨리 찾을 수 있도록 도와주는 역할을 하는 것이다. ETA로부터 30분이 지나도록 ATC에게 항공기의 연락이 닿지 않거나, 항공기가 도착공항에 도착하지 않으면 구조대가 항공기를 찾아 나서게 된다.

> ■ 더 공부해보기
> - 『Private Pilot(Jeppesen)』, p. 9-13.

⊙ Flight Plan 제출

Flight Plan은 UBIKAIS(Aeronautical Information System of Korea) 홈페이지에 들어가면 제출할 수 있다.

단, 사전에 등록된 IP를 가진 특정 컴퓨터에서만 Plan 제출이 가능하다. 비행학교마다 Plan 제출용 컴퓨터가 따로 비치되어있으니 확인해두자.

(1) Flight Plan 작성방법

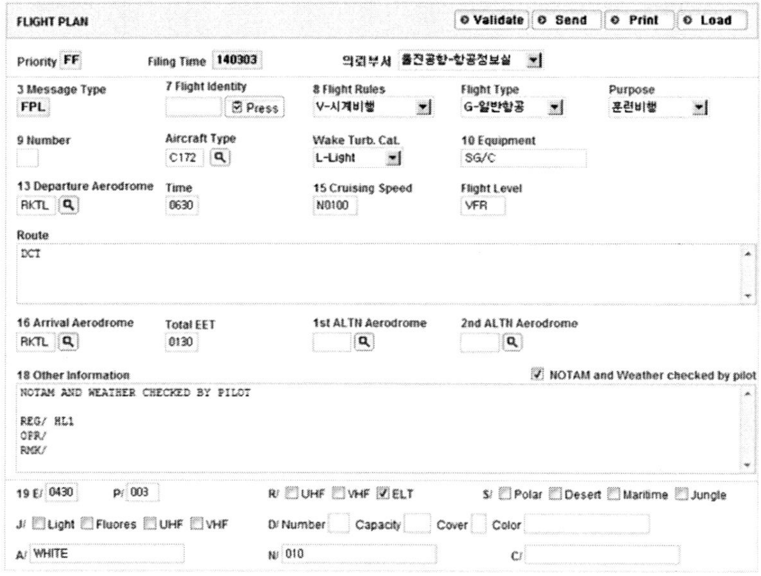

[그림 29] Flight Plan의 작성항목

① 의뢰부서

출발하는 공항의 항공정보실을 선택한다. 공역훈련비행의 경우 단순히 출발공항을 선택하면 된다.

② Flight Identity

항공기의 Call Sign을 기입한다.

③ Flight Rules

비행방식을 선택한다. 자가용 조종사 과정에서는 VFR(시계비행)만 사
용하므로 V를 선택하면 된다.

④ Flight Type

소형 항공기의 비행을 의미하는 'G-일반항공'을 선택한다.

⑤ Purpose

'훈련비행'을 선택한다.

⑥ Aircraft Type

항공기의 Type을 기입한다. C172S, C172R 같은 항공기는 'C172'라고 쓰면 되고, DA40, DA42 같은 다이아몬드 계열은 각각 'DA40', 'DA42'라고 써넣으면 된다.

⑦ Wake Turb. Cat.

Wake Turbulence에 취약한 정도를 기입한 곳이다. 훈련용 항공기는 소형 항공기이므로 'L-light'를 선택하면 된다.

Category	구분
Heavy	Takeoff Weight가 136,000kg(300,000lbs) 이상인 항공기
Medium	Takeoff Weight가 136,000kg(300,000lbs) 이하, 7,000kg(15,500lbs) 이상인 항공기
Light	Takeoff Weight가 7,000kg(15,500lbs) 이하인 항공기

<표 25> ICAO Wake Turbulence Category

⑧ Equipment

항공기에 장착된 COM/NAV/SSR[16] Equipment를 기입하는 란이다. 보통 G1000 Glass Cockpit을 장착한 항공기는 'SG/S', 아날로그 6-Pack 계기를 쓰는 Conventional 항공기는 'S/C'를 사용한다.

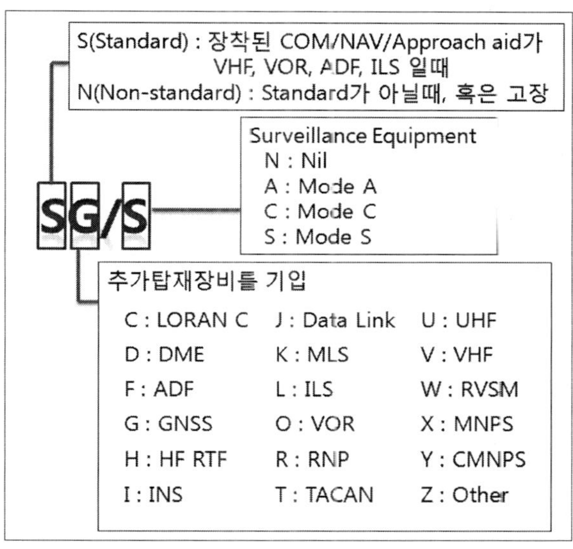

[그림 30] Flight Plan의 Equipment 작성법

[항공지식 PLUS] Transponder Mode의 종류

- Mode A: 자리마다 0~7을 입력 가능한 4자리의 코드를 관제소에 송신할 수 있는 Transponder

- Mode C: Mode A의 기능에 Automatic Altitude Reporting 기능이 추가된 것. 표준기압(29.92inHg)으로 항공기의 QNE 고도를 100ft 단위로 관제소에 송신할 수 있는 Transponder

- Mode S: Mode C의 기능에 항공기 속도정보, 고유식별자 정보 등을 추가로 관제소에 송신할 수 있는 Transponder

---

16 SSR: Surveillance.

⑨ Departure Aerodrome

출발공항의 ICAO 공항식별코드 4자리 입력. 울진공항의 경우 RKTL

⑩ Time

비행의 시작시간을 Zulu time(UTC)으로 기입한다. 예를 들면 한국시각으로 16:00에 비행을 시작한다면 Zulu time은 9시간을 뺀 07:00이 된다. 따라서 빈칸에 '0700'을 기입해주면 된다.

⑪ Cruising Speed

Cruise Airspeed를 TAS(True Airspeed)로 적어주면 된다. 훈련공역의 경우 보통 TAS 100KTS를 이용하므로 'N0100'으로 기입하면 된다. 여기서 'N'은 Knot를 의미한다. 단위로 Kilometer를 사용하고 싶으면 'K0180'으로 적으면 된다. 고속 항공기 같은 경우엔 'M082'와 같이 Mach No.(마하속도)로 표현할 수도 있다.

⑫ Flight Level

Cruise를 하는 고도를 적는 란이다. 훈련공역에 나가는 경우는 Cruise

고도가 딱히 정해지지 않기 때문에 'VFR'이라고만 기입한다. 다른 공항으로 이동하는 X-C(Cross Country)의 경우엔 가는 고도를 100ft 단위로 표현한다. 예를 들어 순항고도가 6,500ft인 경우엔 'A065'라고 기입한다. 여기서 'A'는 Altitude를 뜻한다. FL(Fight Level) 단위로 표현하고 싶다면 A 대신에 F를 쓰면 되지만, 훈련용 항공기는 FL 단위로 표현되는 높은 고도에는 보통 올라가지 않으므로 'A'만 사용하도록 한다.

⑬ Route

비행할 항로를 적는 란이다.

구분	작성 예	해석
공역비행	DCT SOUTH 3,500 1,000 TRAFFIC PATTERN DCT	South 공역 3,500ft, 1,000ft에서 기동연습을 하고 공항으로 돌아와 장주비행(Traffic Pattern)을 할 예정이다.
VFR X-C	DCT BAEKAM GANGGU POHANG GYUNGJU DCT	VFR X-C를 가는데 왼쪽과 같은 주요지점을 통과해 비행할 예정이다.
IFR X-C	DCT LOSTO V1 KPO DCT	IFR X-C를 가는데 왼쪽과 같은 Fix, 항로, VOR 등을 거쳐서 비행할 예정이다.

<표 26> Flight Plan의 Route 작성 예시

⑭ Arrival Aerodrome

도착지공항의 ICAO 식별부호 4자리를 기입한다.

⑮ Total EET

예상되는 총 비행시간(EET:Estimated Elapsed Time)을 적으면 된다. 예를 들어서 비행시간이 1시간 30분가량 소요될 것으로 예상되면, '0130'이라고 쓰면 된다.

⑯ Other Information

기타 필요하다고 생각되는 정보를 추가로 적는 란이다. ICAO Flight Plan 작성법상 다양한 것들을 기록할 수 있으나, 여기에서는 자주 쓰이는 REG, OPR, RMK에 관해서만 설명하도록 한다.

약어	작성 예	해석
REG	REG/ HL1---	항공기의 등록부호가 'HL1---'이다.
OPR	OPR/ KOREA AERO SPACE UNIV.	운영기관의 이름. 비행학교의 공식 이름을 쓴다.
RMK	RMK/ SOUTH 3,500 1,000 TRAFFIC PATTERN	사용할 훈련공역이나 비행의도 등을 기록한다.
	RMK/ FIRST SOLO	첫 솔로 비행일 경우에 기록
	RMK/ IFR XC TO KPO THEN RTB TO ULJIN	IFR X-C 비행으로 KPO VOR까지만 간 후 울진공항으로 바로 복귀하겠다는 뜻

<표 27> Flight Plan의 Other Information 작성 예시

⑰ NOTAM and Weather checked by pilot

NOTAM과 기상정보를 확인했음을 체크하는 란이다.

⑱ Supplementary Information

(a) E/

Endurance란 뜻으로, 탑재한 연료로 몇 시간 동안 비행이 가능한지 그 시간을 적는 란이다. 44GAL. 급유 시 보통 '0430'을 기입하면 된다.

(b) P/

Person on Board의 뜻으로, 항공기에 탑승한 총인원의 수를 적는다.

(c) R/

RADIO를 의미하며, ELT에 체크해준다.

(d) J/

Life Jacket(구명조끼)을 의미하며, Life Jacket에 빛신호기가 있으면 'Light'에 체크, Fluorescein(물에 빠졌을 때 형광색의 물감을 풀어 구조대에 위치를 표시해주는 안료)가 있으면 'Fluores'에 체크해준다.

(e) A/

Aircraft Color를 의미하며, 항공기의 색깔을 영어로 기입해준다.

(f) N/

학생 조종사 본인의 휴대폰 번호를 적는다.

(g) C/

Pilot-in-Command(교관 조종사)의 이름을 영문으로 적는다. 솔로 비행의 경우 솔로 학생의 이름을 적으면 된다.

- 발행: 모든 Flight Plan은 출발공항의 항공정보실에 비행 30분 전에 제출되어야만 한다. 시간이 늦어지면 원활한 비행 운영에 차질을 빚을 수 있으니 주의하자.

- 취소: 기상 악화, 정비문제, 학생건강 등에 의해 비행을 하지 않을 것으로 결론이 나면 비행 시작 최소 30분 전까지 발행한 Flight Planap을 Cancel 시켜 줘야 한다. Plan 취소는 UBIKAIS 홈페이지 'CNL' 메뉴에서 본인의 Flight Plan을 찾은 후 Cancel을 진행하면 된다. 만약 Cancel을 진행하지 않은 채로 방치하면 해당 관제소 업무에 혼선을 불러일으키기 때문에 Cancel 여부를 확인하도록 하자.

3. Pre-Flight Inspection

[그림 31] 비행 전 조종사가 항공기 의 Pre-Flight Inspection을 수행하는 모습

    Pre-Flight Briefing 작성, Flight Plan의 제출이 끝났으면 이제 직접 Ramp(주기장)에 나가서 탑승할 항공기의 Pre-Flight Inspection을 할 차례이다. Pre-Flight Inspection은 항공기와 조종사가 직접적으로 호흡하는 비행의 첫 번째 단계로, 항공기가 현재 비행을 해도 안전한지 판단하는 기본검사를 하는 과정이다. 조종사가 항공기 외관을 둘러보며

Inspection을 수행하게 된다.

이 단계에서는 항공기가 비행을 해도 안전한가에 대해 확실히 하는 것이 목표이므로, 동일한 절차로 항공기의 안전사항을 정비사와 조종사가 이중으로 확인하게 된다. 조종사의 Pre-Flight Inspection 이전에 정비사가 동일절차를 선(先) 수행해 놓고, 조종사가 두 번째로 확인하는 것이다. 정비사가 같은 작업을 먼저 수행했다고 해서, 조종사가 이를 확인하는 것을 게을리하면 절대 안 된다. 정비사도 인간이기 때문에 Human Error로 인해 실수할 수 있는 데다가, **정작 비행할 사람은 조종사 자신이기 때문이다**(정비사는 사고가 발생해도 목숨을 잃지는 않는다). 만약 Pre-Flight Inspection을 소홀히 해서 비행 중에 불미스러운 사고라도 난다면, 조종사도 사고의 책임에 대해서 자유로울 수 없다. 본인이 탈 항공기의 안전은 누구도 대신 지켜주지 않으니 직접 챙기자.

학생 조종사는 교관과 상의하여 비행의 Go(비행결정), No-go(비행취소)를 결정하기 전에 Pre-Flight Inspection을 무조건 수행해 놓아야 한다. 기상악화로 인해 비행이 Cancel 될 것이라 확신하더라도 상황은 어떻게 바뀔지 모르니 Pre-flight Inspection을 거르면 안 된다. 변덕스러운 기상은 불과 5분 만에도 급격하게 변화한다. 이때 학생 조종사가 Pre-Flight Inspection을 하지 않은 상태에서 교관이 'Go' 결정을 내리면 시간상으로 매우 촉박하게 된다.

1) Pre-Flight Inspection Checklist

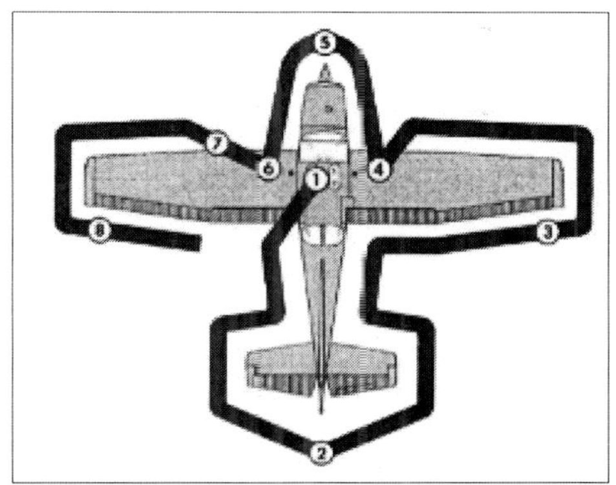

[그림 32] C172S 항공기의 Pre-Flight Inspection 순서

Pre-Flight Inspection의 절차를 모두 외우기란 불가능하므로 다음과 같은 Checklist를 보면서 수행하게 된다(비행학교마다 약간 절차가 다를 수도 있다). 아래는 C172S(G1000) 항공기의 Pre-Flight Inspection Checklist의 예이다.

PREFLIGHT INSPECTION C172S G1000	
CABIN	
Pitot Tube Cover	REMOVE
Pilot's Operating Handbook	ACCESSIBLE TO PILOT
G1000 Cockpit Reference Guide	ACCESSIBLE TO PILOT
Airworthiness Cert./Registration	CHECKED
Airplane Weight and Balance	CHECKED
Parking Brake	SET
Control Wheel Lock	REMOVE
Ignition Switch	OFF
Avionics Switch(BUS 1 & BUS 2)	OFF
Master Switch	ON

Primary Flight Display(PFD) ································· VERIFY ON
Hobbs and Tach ································· VERIFY
Fuel Quantity Indicators ································· CHECK QUANTITY
Avionics Switch(BUS 1) ································· ON
Forward Avionics Fan ································· VERIFY AUDIBLE
Avionics Switch(BUS 1) ································· OFF
Avionics Switch(BUS 2) ································· ON
Aft Avionics Fan ································· VERIFY AUDIBLE
Avionics Cooling Fan ················· CHECK AUDIBLY FOR OPERATION
Avionics Switch(BUS 2) ································· OFF
Flaps ································· EXTEND
Pitot Heat ················· ON(Carefully check that pitot tube is warm)
Pitot Heat ································· OFF
Master Switch ································· OFF
Alternate Static Source ································· OFF(Push full IN)
Fuel Selector Valve ································· BOTH
Fuel Shut off Valve ································· ON(Push Full IN)
Elevator Trim ································· SET for TAKEOFF

EMPENNAGE

Baggage Door ································· SECURE
Tail Tie-Down ································· DISCONNECT
Control Surfaces ················· CHECK freedom of movement and security
Trim Tab ································· CHECK security
Antennas ································· CHECK

RIGHT WING TRAILING EDGE

Flap ································· CHECKED
Aileron ································· CHECKED
Wingtip ································· CONDITION/SECURITY

RIGHT WING & LEADING EDGE

Wing Tie-Down ································· DISCONNECT
Main Wheel Tire(42.0 PSI) ································· CHECK
Fuel Sump Quick Drain Valves(5) ································· DRAIN

| Fuel Quantity | CHECK VISUALLY |
| Fuel Filler Cap | SECURE & VENT UNOBSTRUCTED |

NOSE	
Windshield	CHECKED
Engine Oil(Min. 6 qts)(5 to 8)	CHECKED
Cowling	SECURED
Fuel Sump Quick Drain Valves(3)	CHECKED
Nose Gear Strut	CHECKED
Nose Wheel & Tire(45.0 PSI)	CHECKED
Air Filter	CLEAR
Propeller	CHECKED
Spinner	CHECKED
Alternator Belt	CHECKED
Air Inlets	CHECKED
Left Static Source Opening	CHECKED

LEFT WING & LEADING EDGE	
Fuel Sump Quick Drain Valves(5)	DRAIN
Fuel Quantity	CHECK VISUALLY
Fuel Filler Cap	SECURE & VENT UNOBSTRUCTED
Pitot Tube	CHECKEDa
Stall Warning	CHECKED
Fuel Vent	CHECKED
Tie Down	REMOVED
Lading Edge	CHECKED

LEFT WING TRAILING EDGE	
Wingtip	CONDITION/SECURITY
Aileron	CHECKED
Flap	CHECKED
Landing Gear Strut	CHECKED
Wheel, Tire, & Brakes(42.0 PSI)	CHECKED

<표 28> Cessna172S(G100J) Pre-Fl ght Inspection Checklist

2) Pre-Flight Inspection 절차

Pre-Flight Inspection의 시작은 정비고에서 항공기탑재일지와 Key
를 챙겨오는 것부터 시작된다. 항공기탑재일지에는 최근에 교체하
거나 수리한 부품의 목록이 기록되어 있으므로, 해당 파트를 Pre-
Flight Inspection 시 더 꼼꼼히 확인하면 된다. 전체적인 Pre-Flight
Inspection 절차는 Checklist를 보면서 순서대로 각각의 항목을 모두
확인하는 방식이다.

(1) Overall Condition

Checklist를 수행하기 전에 항공기에서 5~10m가량 떨어져서 항공기
의 전체적인 외관을 살피는 과정이다. 전체적인 항공기 모습을 멀리서
지켜보고 큰 이상이 없는지 살피는 것이 목적이다.

① Dented(움푹 들어가거나 찌그러진) 한 외부부품

항공기 표면에 손상을 입게 되면 비행 중 공기 흐름을 방해하여 마찰
력을 높이고, 정상적인 양력을 발생시키지 못해 위험할 수 있다.

[그림 33] 외부충격으로 인한 날개 부분의 Dented Parts

② Frost(서리), Icing 현상

항공기 표면에 간밤에 내린 서리(Frost)가 있거나, 이전 비행 중에 Icing(높은 상공에서 항공기에 얼음이 들러붙는 현상)이 발생하면 다음 비행 시 공기 흐름을 방해하여 마찰력을 높이고, 정상적인 양력을 발생시키지 못해 위험할 수 있다. Frost나 Icing을 항공기 표면, Engine Cowl 안쪽에서 발견한다면 즉시 정비팀에 부탁해 Preheat(열로 얼음을 녹이는 과정)가 이루어질 수 있도록 한다.

[그림 34] 날개에 덜어붙은 Icing과 이를 녹이는 Preheat 작업

③ 항공기 좌우균형

양쪽 Landing Gear에 적절한 Tire Pressure가 있어서 한쪽으로 기울어진 상태가 아닌지 확인한다.

(2) Cabin

[그림 35] Cessna172S G1000의 Cockpit

① Pitot Tube Cover

C172S 항공기 왼쪽 날개에는 비행 중 속도를 체크할 수 있는 Pitot Tube라는 장치가 달려있다. 항공기가 Ramp에 주기 중일 경우 항상 [그림 36]과 같이 빨간색의 Cover로 보호되어 이물질이나 벌레(특히 말벌)이 침입하지 못하도록 해준다. Pre-Flight Inspection 과정에서는 이 붉은색의 Cover를 벗겨주고 Baggage Door 안에 넣어주면 된다. 만약 비행할 때 이 Cover가 그대로 달린 채로 하늘에 오르면 속도계가 제대로 된 속도를 측정하지 못하게 되어(속도계가 0을 지시하거나 비정상적으로 낮은 값을 나타냄) 위험할 수 있으므로 반드시 벗겨내도록 하자.

[그림 36] Pitot Tube를 보호하고 있는 Pitot Tube Cover[17]

② Chock

Pitot Tube Cover를 Baggage에 넣을 때, 한 가지 더 챙겨야 할 것이 있다. 바로 Chock이다. Chock는 항공기가 주기 중에 바퀴가 움직이지 않도록 바퀴를 지면에 고정해주는 버팀목 역할을 한다. 바퀴에 설치된 Chock도 반드시 Baggage에 싣도록 한다.

[그림 37] 항공기 Landing Gear에 설치된 Chock의 모습

---

17 'Remove Before Flight'라고 표시되어 있다.

③ Seat

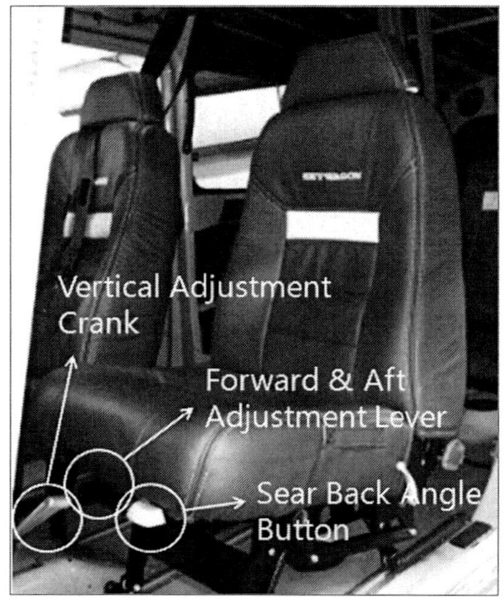

[그림 38] C172 항공기의 Seat 조절장치 3가지

C172S 항공기는 시트 아래쪽의 Vertical Adjustment Crank를 돌려 앉는 위치의 높낮이를 조절할 수 있다. 먼저 손잡이를 최대한 돌려 시트가 가장 낮은 위치에 오게 한 후, 반대쪽으로 보통 10회를 돌려 시트를 들어 올린다. 이때의 기준점은 시트에 앉았을 때 Windshield 밖으로 보이는 Engine Cowl이 눈대중으로 볼 때 손가락 두 개 정도의 두께여야 한다(일반체격의 경우 약 10회가 적당하다). 개인별로 앉은키의 차이가 있기 때문에 적절히 조절하여 본인의 시트 높낮이가 손잡이를 몇 회 돌려야 하는지 알아두도록 하자.

Forward & Aft Adjustment Lever를 당기면 시트의 앞뒤 위치를 조절할 수 있다. 일단 레버를 당겨 의자를 원하는 위치에 잡아당긴 후, 레버를 놓아 의자를 고정하는 것이다. 실제 Pre-Flight Inspection에서 이

과정을 소홀히 한 채 비행을 나섰다가 이륙 도중 단단히 고정되지 않은 조종사의 시트가 뒤로 밀리는 바람에 오른손으로 잡고 있던 Throttle도 뒤로 밀려 Engine Power가 감소해 추락사고가 일어난 적도 있으니 반드시 꼼꼼히 확인해야 한다.

Seat Back Angle Button을 즈작하면 등받이의 앞뒤를 조절할 수 있다. 비행교육은 짧게는 한 시간 반에서 길게는 다섯 시간까지의 훈련시간이 필요한 과정이다. 비행 도증 조종사의 허리가 불편하면 제대로 기량을 발휘할 수 없으니 등받이의 위치를 몸에 맞게 미리 조절해놓는 준비가 필요하다.

④ ARROW - 항공기에 탑재되는 서류

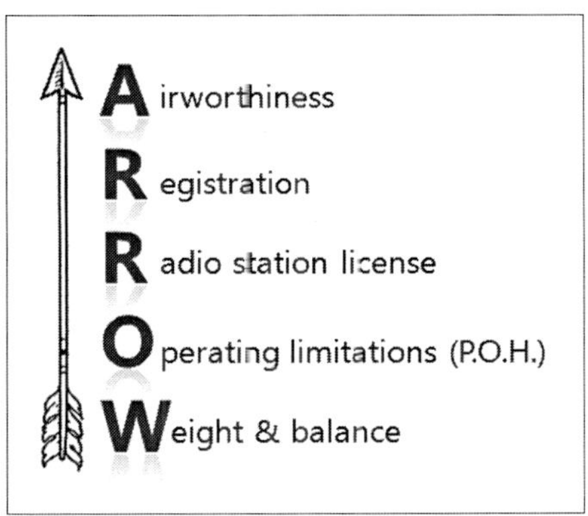

[그림 39] 항공기에 탑재되는 서류 5가지

항공기에 탑재하여야 할 서류들은 'ARROW'로 외우면 기억하기 쉽다. 'A'는 감항증명서인 Airworthiness Certificate, 'R'은 등록증명서인 Registration, 'R'은 무선국허가서인 Radio Station License, 'O'는

P.O.H(Pilot's Operating Handbook) 그리고 'W'는 Pre-Flight Briefing에서 작성한 Weight & Balance를 뜻한다. Cabin 안에 위의 5가지 서류들이 잘 탑재되어 있나 잘 살펴야 한다. 체크비행의 경우 담당 교관이 사전에 위의 서류 중 한 가지를 숨겨두고, Pre-Flight Inspection에서 문제점이 없었냐고 물을 수도 있기 때문이다. 만약 서류를 제대로 살피지 않고서 문제가 없었다고 답하면 체크시험에서 'Fail' 점수를 받을 수도 있다.

⑤ G1000 Chockpit Reference Guide

C172S에 탑재된 G1000 장비의 사용설명서가 있는지 확인한다.

[그림 40] Garmin 社의 G1000 Intergrated Flight Deck Glass Cockpit System

⑥ Parking Brake

비행기에서 자동차의 사이드브레이크와 같은 역할을 하는 것이 바로 Parking Brake이다. [그림 41]의 왼쪽은 Parking Brake가 Release 되어 제동력이 없는 상태이고 오른쪽인 Parking Brake가 잠겨 제동력을 발휘하는 상태이다. Pre-Flight Inspection에서는 [그림 41] 오른쪽과 같이 비행기가 지면에 단단히 고정되어 있어야 한다. Release 된 Parking

Brake를 잠그는 방법은 간단하다. Rudder Pedal을 밟아 Landing Gear Brake를 임시로 작동시킨 채로 Parking Brake 손잡이를 잡고 천천히 있는 힘껏 당겼다가 더 이상 움직이지 않는 시점에서 손잡이를 반시계방향으로 돌려주어 고정하면 된다.

[그림 41] Parking Brake

⑦ Control Wheel Lock

Control Wheel Lock은 Yoke에 장착하며 바람에 Yoke가 움직이지 않도록 고정해주는 역할을 한다. Pre-Flight Inspection에서는 Aileron과 Elevator가 제대로 작동하는지 외부에서 손으로 만져 확인해야 하므로 Control Wheel Lock을 미리 해체해 두어야 한다. 위로 살짝 잡아당겨 뽑아서 Cockpit 왼쪽 아래편에 있는 주머니에 꽂아두도록 하자.

[그림 42] Control Wheel Lock이 장착된 모습과 해체된 모습

⑧ Ignition Switch

Ignition Switch는 Key를 꽂아 시동을 거는 장치이다. OFF 위치에 있는지 확인하자.

[그림 43] Ignition Switch

⑨ PFD(Primary Flight Display)

[그림 44] Master Switch와 Avionics Switch

하얀색의 Avionics Switch가 OFF(Navigation, Communication 장비의 전원을 차단함으로써 불필요한 배터리 전력 소모를 방지) 되어 있는 것을 확인한 후, 붉은색의 Master Switch를 ON 시키면 PFD에 화면이 들어오는 것을 확인할 수 있다. 그러면 곧바로 [그림 45]에서 표시된 것과 같이 Tach

넘버와 탑재된 연료량(Left, Right 나누어서)을 확인하여 메모해둔다. 마찬가지로 Hobbs Meter의 넘버도 메모하여 기억해두면 된다.

Master Switch가 ON 상태이면 Hobbs Meter(비행시간이 기록되는 장치)가 돌아가므로 최대한 신속하기 진행하여 시간당 수십만 원의 가치를 지닌 귀중한 비행시간을 잃지 않도록 하는 것이 좋다(단 몇 분간의 시간도 지상에서 허비하지 말고 상공어서 교육받는 데 쓰도록 하자).

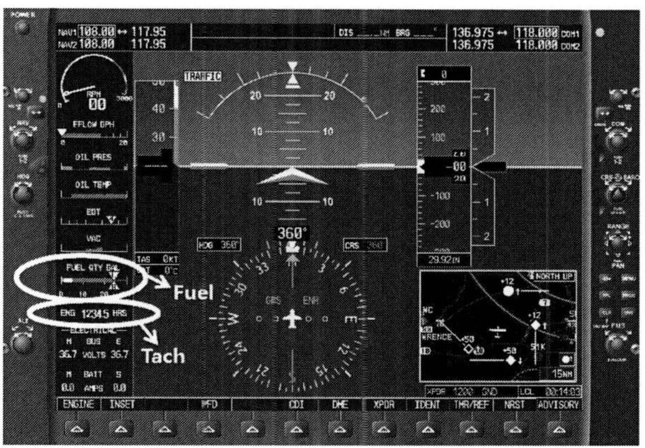

[그림 45] FFD에 표시된 Tach와 Fuel Quantity

[그림 46] Hobbs Meter: Cockpit 우측 상단에 위치

■ 더 공부해보기

- 『조종사 교과서 1』, p. 154, Tachometer.
- 『조종사 교과서 1』, p. 248, Hobbs Meter.
- 『조종사 교과서 1』, p. 257, Master Switch.
- 『조종사 교과서 1』, p. 258, Avionics Switch

⑩ Avionics Switch(BUS 1&2), Cooling Fan

Tach 넘버와 Fuel Quantity를 확인했으면 다음은 Avionics Switch에 연결된 전자장비들이 제대로 작동하는지 확인할 차례이다. [그림 45]에서 Avionics Switch를 자세히 보면 두 개의 스위치(BUS 1&2)로 나누어진 것을 볼 수 있다. 두 개의 스위치는 항공기에 탑재되는 수많은 Navigation과 Communication 장비들을 BUS1, BUS2 두 그룹으로 나누어 전기를 공급할 수 있게 한다. 두 개의 스위치로 분리한 이유는 다음과 같다. 비행 중 배터리를 충전하는 Alternator가 고장 난 경우, 당장 사용하지 않는 불필요한 전자장비를 구분하여 OFF 시킴으로써 전력을 아낄 수 있도록 한 것이다.

Pre-Flight Inspection에서는 먼저 BUS1을 ON 시켜 BUS1에 연결된 Forward Cooling Fan(전자장비의 과열을 막아주는 냉각팬장치)이 돌아가는 소리를 귀로 확인하면 된다. 소리를 확인했으면 OFF 시키고 이번에는 BUS2를 ON 시킨다. 이번에도 마찬가지로 BUS2에 연결된 Aft Cooling Fan이 돌아가는 소리를 귀로 확인한 후 OFF 시키면 된다.

⑪ Flaps

Flap은 고양력장치 중 하나로 주날개 뒤편에 장착되어 있다. 작동시키면 받음각(Angle of Attack)과 날개 면적(Camber)을 증가시켜 항공기의 추가적인 Lift(양력)와 Drag(공기저항)를 발생시킨다. 즉, 실속속도(Stall Speed)를 감소시켜 보다 낮은 속도에서도 조종사가 안정적으로 항공기를 Control 할 수 있게 도와주며, Landing을 하려 Approach를 시도하는 과정에서는 좀 더 낮은 Pitch 자세를 가능하게 하여 조종사에게 아래 방향의 시야를 확보시켜 준다.

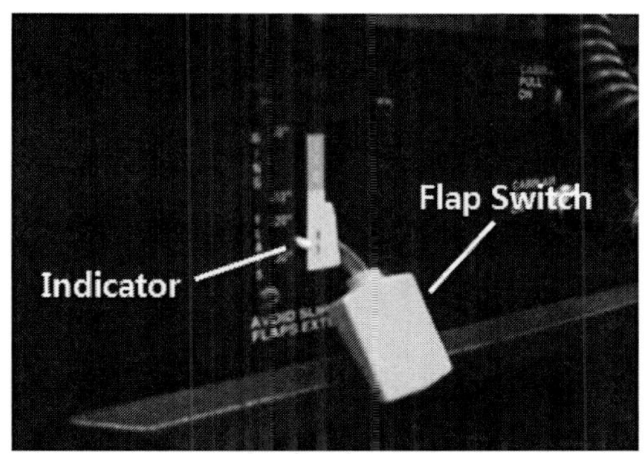

[그림 47] Flap Switch

Master Switch만 켜져 있어도 Flap에 전력이 공급되어 구동시킬 수 있으므로 Pre-Flight Inspection에서는 배터리의 불필요한 전력 소모를 방지하기 위해 Avionics Switch는 OFF 시킨 채로 Flap을 작동시킨다.

Flap의 작동은 10°씩 끊어서 확인하는데, 먼저 Flap Switch를 10°에 맞춰놓으면 Switch 바로 옆에 있는 Position Indicator가 천천히 10° 부근으로 움직이면서 동시에 Flap도 움직인다. 즉, Position Indicator는 Flap의 현재 각도를 실시간으로 표시를 해주는 역할을 하는 것이다. 육안으로 날개를 확인해 Flap이 10°만큼 움직였으면 다음 20°, 30°도 같은 방식으로 확인을 해주면 된다. 만약 Flap이 움직이지 않거나 조작한 각도보다 덜한 각도로 움직이면 반드시 정비팀에 알려 정비를 받아야 한다.

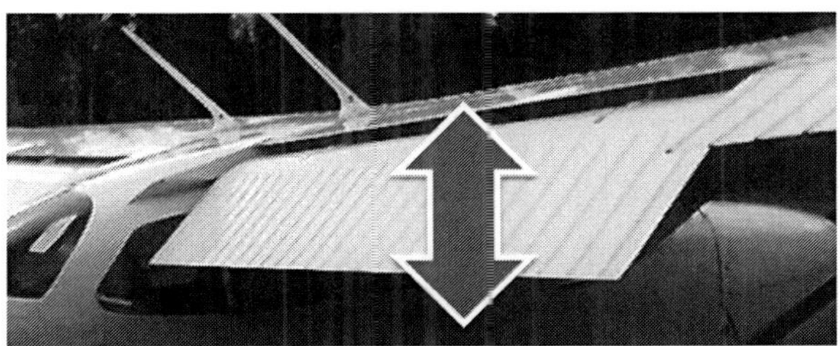

[그림 48] Flap을 작등시킨 모습

⑫ Lights

Pitot Heat를 작동시키기 전에 항공기 외부 라이트도 확인해야 한다. Switch를 순서대로 작동시켜 Beacon Light, Landing Light, Taxi light, NAV Light, Strobe Light가 정상적으로 작동하는지 확인하되 과한 배터리 사용을 피하고자 한 번에 한 개의 Light만 작동시키도록 한다.

[그림 49] Light Switch

[그림 50] Beacon Light

[그림 51] Landin&Taxi Light

[그림 52] NAV Light & Strobe

⑬ Pitot Heat

비행 중 낮은 온도(영상 3℃ 이하)에서는 Pitot Tube에 Icing 현상으로 인해 얼음이 들러붙을 수가 있다. 비행 중 얼음으로 인해 Pitot Tube가 막히게 되면 속도계가 정상적인 속도를 지시하지 못하므로 가열장치인 Pitot Heat를 가동하여 얼음을 녹여주게 된다.

Pre-Flight Inspection에서는 Pitot Heat Switch를 작동시킨 후 왼쪽 날개에 장착된 Pitot Tube를 손으로 만져보아 온도변화가 있는지 확인해야 한다. 이 또한 전력을 소모하는 작업이므로 배터리 방전을 줄이기 위해 온도변화를 확인한 후에는 즉시 Pitot Heat를 OFF 시켜야 한다. 마지막으로 Pitot Heat를 OFF 시킨 후에는 한동안 전기계통의 장치를 이용하지 않으므로 Master Swith도 OFF 시켜 Hobbs Meter가 작동되지 않아 비행시간을 낭비하지 않도록 해야 한다.

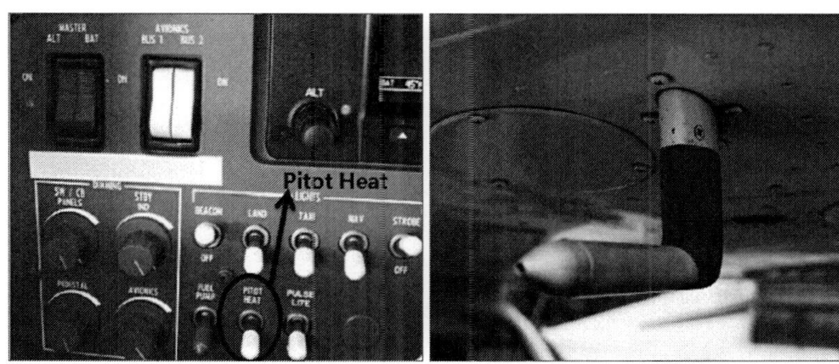

[그림 53] Pitot Heat Switch와 Pitot Tube

⑭ Alternate Static Source

[그림 54] Alternate static Source 왼쪽은 'IN', 오른쪽은 'OUT'

외부기압을 측정하는 Static Port가 얼음, 이물질 등으로 막히게 될 때를 대비해서 사용하는 것이 Alternate Static Source이다. Throttle 옆에 있는 붉은색 노브를 잡아당기면 작동시킬 수 있다(Pre-Flight Inspection에서는 안쪽으로 들어간 상태인 'IN'으로 둔다). Alternate Static Source는 Cabin 내의 압력을 측정하는 것이기 때문에, Venturi Effect로 인해 조금 낮은 기압을 측정해서 속도계와 고도계가 실제보다 조금 높은 수치를 나타내게 된다.

> ■ 더 공부해보기
> - 『조종사 교과서 1』, p. 268, Alternate Static Air Control.

⑮ Fuel Selector Valve & Fuel Shutoff Valve

양쪽의 연료통을 모두 사용하기 위해 Fuel Selector Valve는 'BOTH'로 두고, 원활한 연료공급을 위해 Fuel Shutoff Valve는 'IN'으로 둔다. 참고로 'Left'나 'Right' Position은 Cruise 비행해서만 사용할 수 있고, 이륙이나 착륙, 기동(Maneuver) 중에는 반드시 'BOTH' Position을 유지해야 한다.

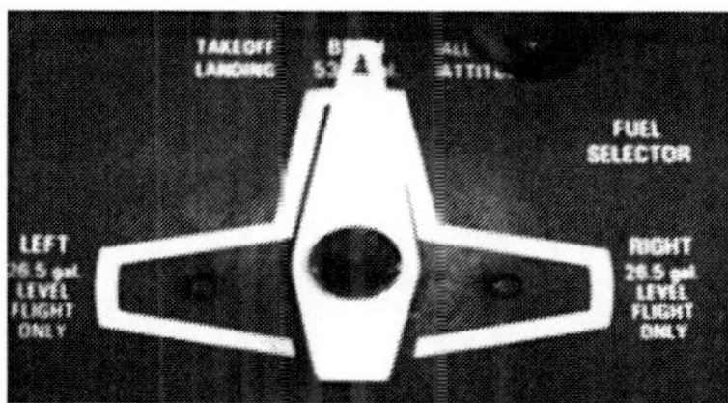

[그림 55] Fuel Selector Valve가 'BOTH'에 설정된 모습

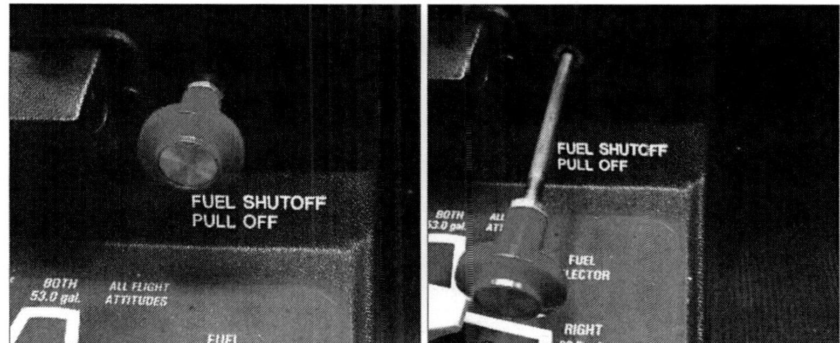

[그림 56] Fuel Shutoff Valve 왼쪽은 'IN', 오른쪽은 'OUT'

■ 더 공부해보기

-『조종사 교과서 1』, p. 277, Fuel Selector Valve.
-『조종사 교과서 1』, p.277, Fuel Shutoff Valve.

⑯ Elevator Trim

Pitch Control의 보조장치인 Trim은 [그림 58]과 같이 Takeoff가 표시된 화살표에 Indicator가 위치하도록 바퀴를 돌려 맞추어준다. 이 과정 없이 이전의 비행에서 사용되었던 그대로 비행에 나서게 되면 Takeoff 시 과한 Pressure가 Yoke에 가해질 수도 있으니 주의해야 한다.

[그림 57] Trim Tab   [그림 58] Takeoff Position의 Indicator

> ■ 더 공부해보기
> - 『조종사 교과서 1』, p. 275, Elevator Trim Control.

(3) Empennage

① Baggage Door

Cabin에 관한 Pre-Flight Inspection을 마쳤으면 다음은 Empennage (꼬리날개)를 검사할 차례이다. Cabin에서 나와 Baggage Door를 열면 연료검사를 할 수 있는 Sampler Cup과 불빛을 비출 수 있는 Flash Light, 그리고 Engine Oil을 닦을 수건 등이 있다. 이 세 개의 장비를 챙긴 후 Baggage Door를 닫고 열쇠 구멍에 Key를 꽂아둔다. Key를 열쇠 구멍에 꽂아두는 이유가 있다. 나중에 Pre-Flight Inspection을 마친 후 Baggage Door의 열쇠를 잠그는 것을 쉽게 잊어버릴 수 있기 때문이다. 이렇게 Key를 미리 꽂아두면, Baggage Door 잠그는 것을 잊지 않는다.

[그림 59] C172S의 Baggage Door

② Fuselage

Baggage Door에서 항공기의 Empennage로 걸어가면서 Fuselage(기체)에 이상이 없나 육안으로 확인해야 한다. Rivet이 잘 박혀있고 주위에 검은색의 Fretting(Rivet이 낡아 변색됨)이 생기지는 않았는지, 손상을 입은 부분은 없는지, Excess Oil Consumption으로 인해 Oil Streaks(검은 줄무늬)가 있지는 않은지 세심히 살펴야 한다.

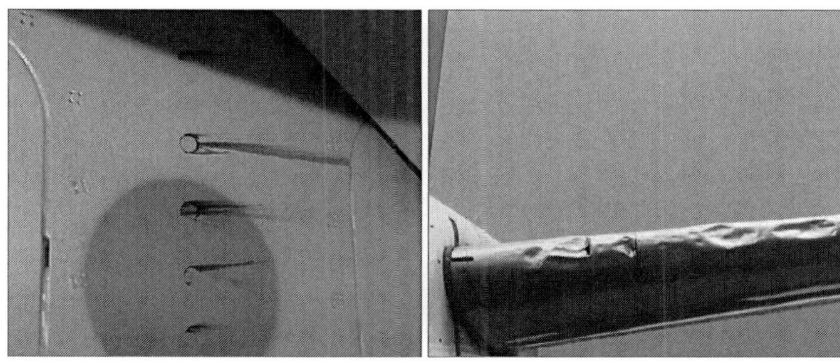

[그림 60] Rivet Fretting   [그림 61] Dented Parts

[그림 62] Oil Streaks

③ Tail Tie-down

항공기가 Ramp에 주기 중일 때 바람에 흔들리지 않도록 항공기를 끈으로 지면에 고정해 둔 것을 의미한다. 비행 이전에 해체하여 항공기가 자유롭게 움직일 수 있도록 한다(일부 비행학교의 경우 정비사만 Tie-down을 다룰 수 있게 되어있으니 해당하는 경우 정비사에게 부탁하자). 풀어놓은 줄은 지면에 둘 때, 뱀이 똬리를 틀듯 둥글게 말아두자.

[그림 63] Tail Tie-down

④ Control Surfaces

Yoke로 작동되는 Elevator, Rudder Pedal로 작동되는 Rudder의 표면을 조심스레 손으로 잡고 Full Range로 움직이는지 확인해야 한다. 이전에 Control Wheel Lock를 Yoke에서 분리하지 않았다면 움직이지 않으니 주의해야 한다. 그리고 날개에 접합된 Control Linkage나 Cable 등을 잘 확인해보고, 움직일 때 금속 마찰음 등이 들리면 기체 내부구조에서 무엇인가가 걸려있다는 의미이니 정비사에게 알려주어 원인 해결을 반드시 하여야 한다.

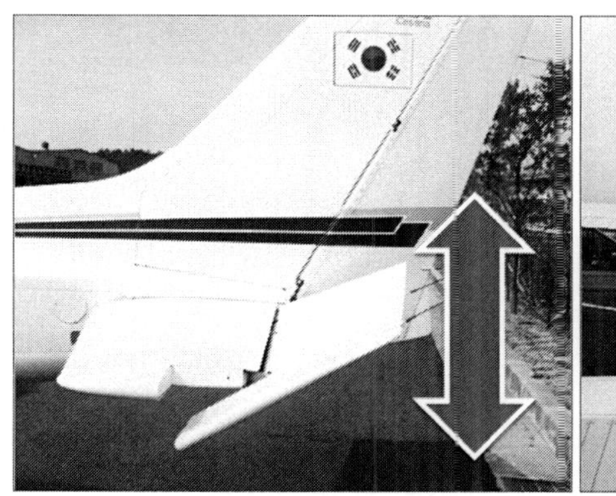

[그림 64] Elevator의 움직임

[그림 65] Rudder의 움직임

⑤ Trim Tab

Elevator를 손으로 잡아 움직일 때, Trim Tab이 Elevator와 반대 방향으로 움직이는지 확인하자. Trim Tab이 Elevator와 반대 방향으로 움직이는 것은 이유가 있다. Elevator를 Yoke로 조작할 때, 과한 힘이 필요한 것을 공기 흐름을 이용해 Trim Tab이 반대로 움직여주어 힘을 경감시켜주는 역할을 하기 때문이다([그림 67] 참고). 참고로 Trim Tab은 민감한 장치이므로 절대 손으로 만지견 안 도니 주의해야 한다.

[그림 66] Trim Tab의 움직임

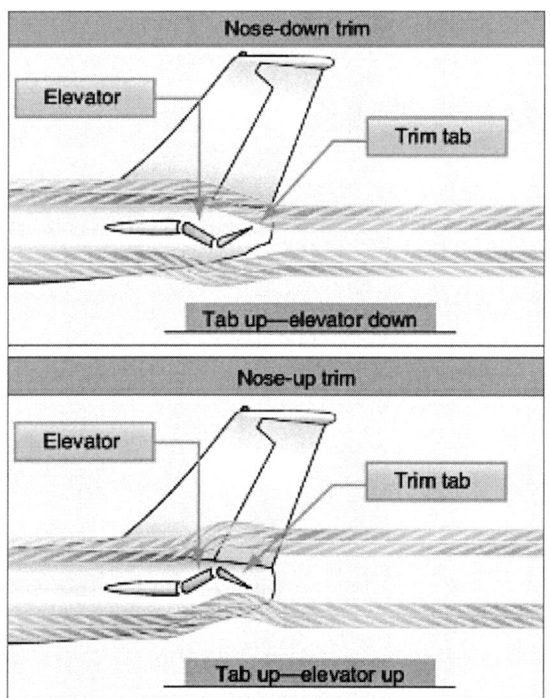

[그림 67] Trim Tab이 Elevator와 반대로 움직여 공기 흐름을 이용해
조종사가 적은 힘으로도 Elevator를 조작할 수 있게 도와주는 모습

⑥ Ground Adjustable Tab

Rudder의 아래쪽 끝부분을 보면 삼각형의 작은 금속성 연철부품이 있는 것을 확인할 수 있다. Ground Adjustable Tab이라는 것으로써 Rudder의 Trim과 같은 역할을 한다고 생각하면 된다. 대형기의 경우 Cockpit에서 조종사가 조종할 수 있지만 C172S 같은 소형 항공기에서는 조작할 수 없고 일정 방향으로 고정되어 설치된다. 이전의 비행을 통해 최적의 위치가 정비사에 의해 미리 세팅되어 있으므로 손을 대서 구부리지 않도록 해야 한다. 금속성의 연철로 되어있어 변형되기 쉬우므로 주의하도록 하자.

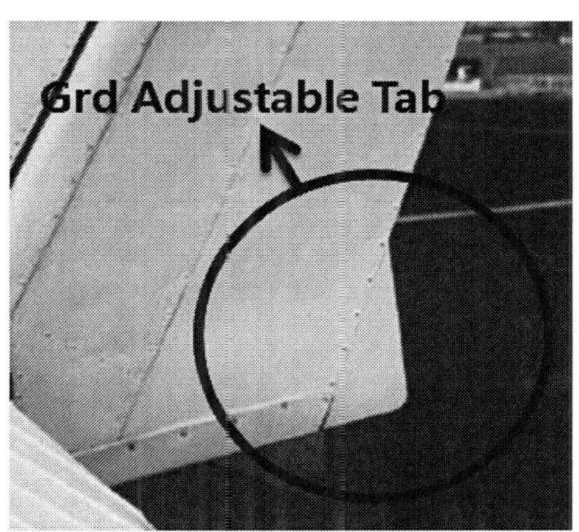

[그림 68] Ground Adjustable Tab

⑦ Static Discharger

항공기 기체는 금속성의 부품이 가득하기 때문에 항상 정전기가 존재한다. 이러한 정전기를 공기 중으로 방출해주기 위해서 양 날개나 꼬리날개 부분에 철사 모양의 Static Discharger를 다수 장착하게 된다. 뇌우 등을 맞았을 경우에도 금속 재질의 선을 통해 과도한 정전기를 공기 중으로 이동시켜주는 역할을 하기도 한다.

[그림 69] Static Discharger

[항공지식 PLUS]

세스나처럼 작은 항공기는 뇌우(번개)에 취약하기 때문에 절대 뇌우 근처로 가면 안 된다. 만약 뇌우에 맞게 되면 모든 전자기기가 고장이 나고 나침반은 계속 회전하게 되는 현상을 목격하게 된다. 그리고 이런 계기 상의 오작동은 조종사로 하여금 혼란을 일으켜 정상적인 비행을 유지할 수 없게 한다.

⑧ Beacon Light & White NAV Light

꼬리날개에 붙어있는 Lights에 대해서도 잘 확인해야 한다. 붉은색의 Beacon Light와 하얀색의 NAV Light의 전구가 파손되지는 않았는지 살펴야 한다.

[그림 70] Beacon & White NAV LGT

⑨ Antennas

C172S 항공기에는 전자장비를 위한 다수의 안테나가 설치되어 있다. 먼저 꼬리날개에는 VOR Antenna가 설치되어 있다. V 모양으로 설치되어 있으므로 'V=VOR'로 기억하던 외우기 쉽다.

[그림 71] VOR Antenna

기체 상부에는 GPS, COM1/2, ELT Antenna가 설치되어 있다.

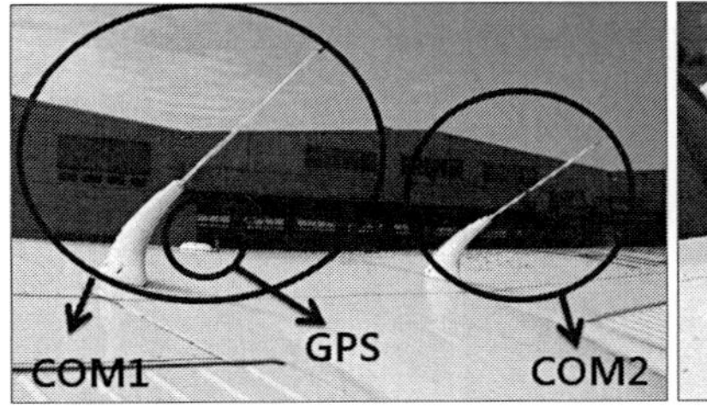

[그림 72] COM1/2, GPS Antenna

[그림 73] ELT Antenna

마지막으로 기체 하부에는 앞부분부터 순서대로 ADF, Transponder, Marker Beacon Antenna가 설치되어 있다. 'ATM'으로 외워두면 기억하기 쉽다.

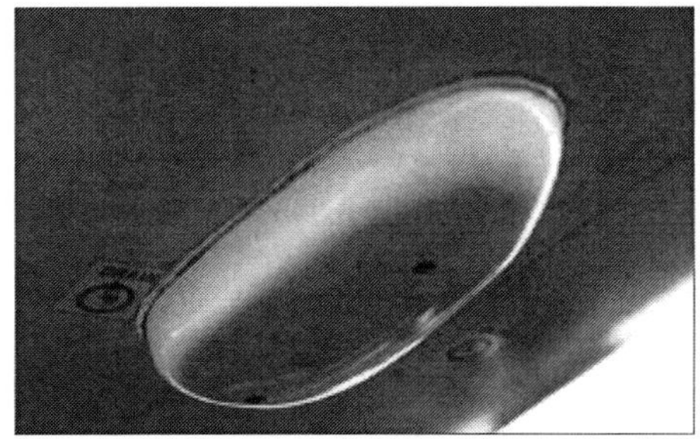

[그림 74] ADF Antenna

[그림 75] Transponder Antenna

[그림 76] Marker Beacon Antenna

(4) Right Wing Trailing Edge

① Flap

Empennage 검사가 끝났으면 오른쪽 날개 쪽으로 가서 Flap을 확인한다. Flap을 손으로 잡고 가볍게 움직였을 때, 단단히 고정되어 흔들림이 없어야 한다. Control Linkage도 이상이 없는지 꼼꼼히 확인한 후 Aileron으로 넘어간다.

② Aileron

[그림 77] Aileron

Aileron을 손으로 잡고 위아래로 움직여 Full Range로 움직이는지 보고, 동시에 다른 편 날개에 있는 Aileron이 반대 방향으로 움직이는지 확인한다. Control Linkage 부분에 이상은 없는지 연결 부위도 꼼꼼히 체크해보자.

③ Wing Tip

[그림 78] Nav & Strobe LGT

날개 끝부분도 이상이 없는지 보고, Nav 와 Strobe Light의 전구도 손상은 없는지 확인한다.

(5) Right Wing & Right Wing Leading Edge

① Leading Edge

Wing Tip에서 날개 전면부로 오면서 Leading Edge에 파손된 부품은 없는지 확인한다.

[그림 79] Leading Edge가 파손된 모습

② Wing Tie-down

Tail Tie-down과 마찬가지로 날개에 고정한 케이블 혹은 끈을 해체한다. 풀어놓은 줄은 지면에 둘 때, 뱀이 똬리를 틀듯 둥글게 말아두자.

③ Main Wheel Tire

타이어의 압력이 과도해 너무 부풀어 올라있지는 않은지, 반대로 압력이 부족해 수축되어 있지는 않은지 공기압을 잘 살펴야 한다(적정압력 45.0 PSI). 또한, 이전 비행에서 랜딩을 하다가 실수로 Rudder Pedal을 잘못 조종해 Brake를 잡은 채로 활주로에 내리게 되면 타이어 표면에 손상을 줄 수 있다. 이를 Bald Spot이라고 하는데, 이러한 비정상 상태의 타이어 모습도 확인하고 정비사에게 정비를 부탁해야 한다. 그리고 타이어와 Landing gear의 접합 부븐도 손상되어있지는 않은지도 체크해봐야 한다.

[그림 80] Main Wheel Tire

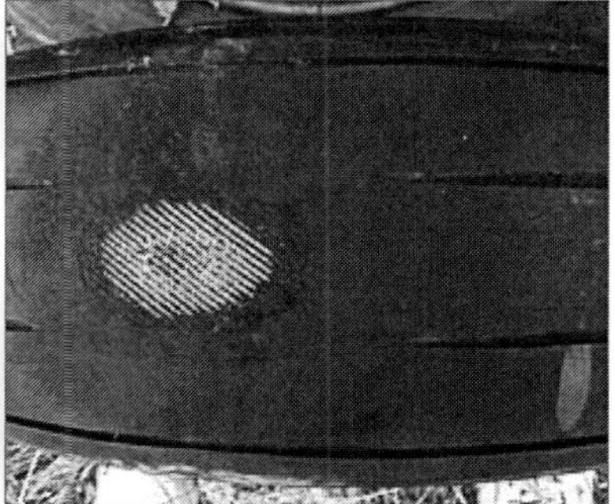

[그림 81] Bald Spot

Landing Gear의 Brake 장치는 유압장치로 작동이 되는데, 이 유압장치의 Oil(Pupple Color)이 밖으로 새어 ㄴ와 주기장 바닥에 맺혀 있는지 확인해야 한다. 마지막으로 Brake Disk(Disk를 유압장치로 마찰시켜 제동력을 얻음)가 충분히 남아있는지도 확인한다. 마모된 정도가 과하면 Brake 작동에 영향을 미칠 수도 있기 때문이다.

④ Fuel Sump Quick Drain Valves(다섯 군데)

C172S 항공기는 한쪽 날개당 Drain Hole이 5개씩 설치되어있다. 이곳에 Baggage에서 가져온 Sampler Cup을 꽂아 연료를 추출해주면 된다. 연료를 검사하는 과정이기 때문에 반드시 급유를 마치고 난 다음에 실시해야 하는 과정이다.

[그림 82] Fuel Drain

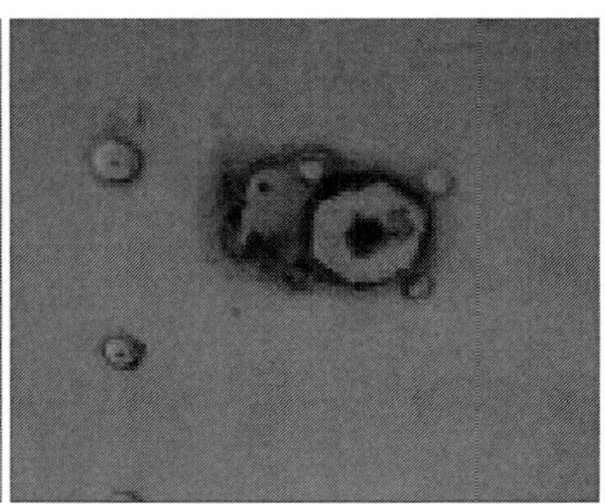

[그림 83] Drain Hole

한 컵 가득 연료를 추출했으면 [그림 84]와 같이 흰 종이 또는 하얀 항공기 기체에 Sampler Cup을 옆에 대어보자. 그리고 연료 안에 물이 있는지, 이물질이 섞여 있는지를 꼼꼼히 눈으로 확인한다.

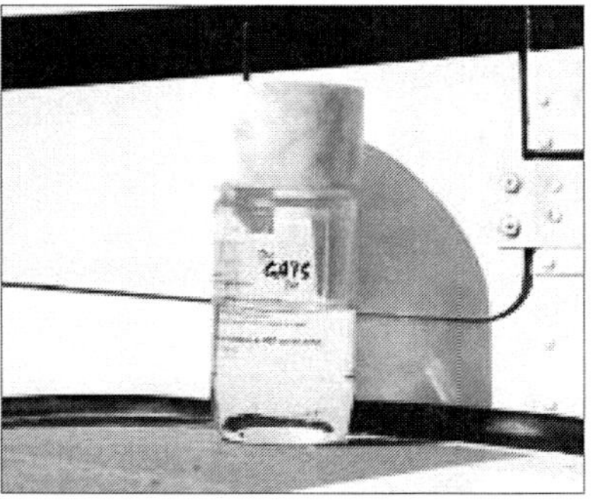

[그림 84] 하얀 기체면 옆에 Sampler Cup을 두고 이물질을 확인하는 모습

정상적인 AV-GAS 연료는 푸른색(100LL Grade Aviation Fuel) 혹은 녹색 (100 Grade Aviation Fuel)이므로 색깔의 차이를 중점적으로 확인한다. 물은 연료보다 비중이 높아 아래로 가라앉으므로 Sampler Cup의 아랫부분을 중점적으로 보도록 한다. 그리고 간약 물이나 이물질을 발견하면 연료추출과정을 계속 반복하고, 그래도 물이나 이물질이 나온다면 즉각 정비사에게 알리고 비행을 취소해야 한다.

[그림 85] 항공기에 오를 때 딛는 부분

[그림 86] 올바른 방법으로
C172 항공기에 오른 모습

한 번 추출한 연료는 폐기하는 것이 원칙이지만, 연료 절감/환경오염 문제로 다시 항공기에 넣는 비행학교들이 대부분이다. 날개 윗부분에 있는 Fuel Cap을 열고 연료를 다시 넣어주어야 하는데, 이때 비행기에 오르기 위해서 [그림 85]와 같이 지정된 부분만을 손으로 잡거나 발로 디뎌야 한다. 손은 고리 모양으로 생긴 손잡이를 잡고, 발을 딛는 부분은 검은색의 사포 재질로 설치되어 있다.

[그림 87] Fuel Cap 닫힌 모습   [그림 88] Fuel Cap 열린 모습

붉은색의 Fuel Cap은 [그림 88]과 같이 손으로 잡고 돌리면 열 수 있다. Fuel Cap을 열고 난 후에는 Sampler Cup에 담긴 연료를 [그림 89] 처럼 Cup에 달린 Filter(거름망)를 통해 Fuel Tank로 천천히 흘려 넣어주고 Fuel Cap을 단단히 닫아주면 된다.

[그림 89] 추출한 연료를 다시 넣어주는 모습

⑤ Fuel Quantity

비행에 나서기 전에 조종사는 자신의 항공기가 연료를 어느 정도 탑재하고 있는가를 정확히 알고 있어야 한다. 물론 Cockpit에서의 Fuel 계기를 통해 알 수도 있다고 하는 사람도 있겠지만, C172S 항공기의 경우에는 한쪽 날개당 17.5GAL. 이상의 연료 분은 Cockpit 안의 계기가 제대로 연료량을 측정하지 못하는 문제가 있다(참고: C172S 항공기는 Fuel Tank가 각 날개당 한 개씩 설치되어 있음).

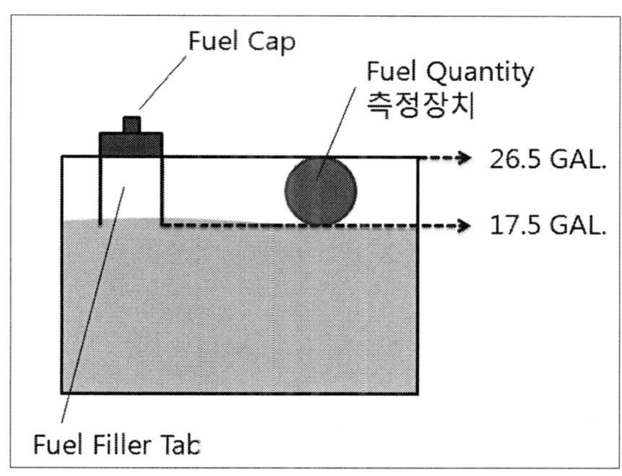

[그림 90] C172S 항공기 날개의 연료량

C172S 항공기는 연료 위에 추를 띄워서, 그 추의 높이를 이용해 연료를 측정하는 방식을 이용하는데, 문제는 그 추가 날개 상단구조물에 걸려 더 이상 올라가지 못할 때 발생한다. C172는 양 날개를 Fuel Tank로 이용하는데 추가 측정할 수 있는 최대 연료량은 [그림 90]에서와 같이 한쪽 날개당 17.5GAL.이다. 그 이상 연료를 탑재하게 되면 Cockpit 밖으로 나가서 직접 Fuel Cap을 열고 연료를 눈으로 확인해야 한다.

Fuel Cap을 열면 Fuel Filler Tab이라는 짧은 관을 볼 수 있는데, 연료가 이 관의 끝부분까지 차 있으면 17.5GAL.의 연료가 탑재된 것이다. 그리고 연료를 더 넣어서 Fuel Cap이 있는 부분까지 연료가 가득 채워져 있으면 26.5GAL.의 연료가 있다고 보면 된다.

일반적인 비행학교에서는 Left Turning Tendency[18]를 방지하기 위해 Right Wing에는 26.5GAL.을, Left Wing에는 17.5GAL.를 채워 총 44GAL.의 연료를 탑재하는 것이 보통이다(단, Long X-C의 경우와 같이 장시간 비행하는 경우엔 양쪽 날개 모두 Full Tank인 53GAL.을 탑재한다).

(6) Nose

① Windshield

Right Wing의 검사가 끝났으면 Nose 부분으로 가서 Pre-Flight Inspection을 계속한다. 먼저 Cockpit의 앞 유리인 Windshield가 더럽혀지거나 손상이 있지는 않은지 확인한다.

② Engine Oil

엔진의 윤활, 냉각, 기밀, 완충, 방녹, 청정을 위해서는 Engine Oil이 필수적이다. C172S 항공기에는 최대 9Quarts의 Oil이 탑재될 수 있는데, 이 중 1Quarts는 파이프라인 등에 잔류하여 사용할 수 없는 Unusable Oil이고, 실제로 사용할 수 있는 Oil은 Sump 통에 차 있는 8Quarts이다.

---

18 Left Turning Tendency: 프로펠러를 사용하는 항공기가 비행 중에 자꾸 왼쪽으로 틀어지는 현상을 말한다. 주로 항공기의 Pitch 각도가 높거나, 엔진 출력이 강할 때 Left Turning Tendency도 강해진다.

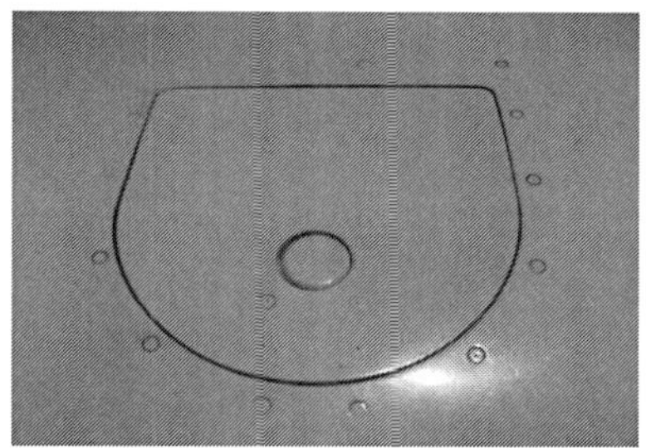

[그림 91] Cowl에 장착된 문

충분한 양의 Oil이 있는지 확인하려면 [그림 91]과 같이 Cowl[19]에 장착된 문을 열어야 한다. 동그란 잠금장치를 손가락으로 눌러 개방하면 [그림 92]와 같이 Engine Oil 투입구가 나온다. 투입구의 마개를 반시계 방향으로 돌려 열어주면 마개에 부착된 Dip Stick이 따라 나온다.

[그림 92] Engine Oil 투입구

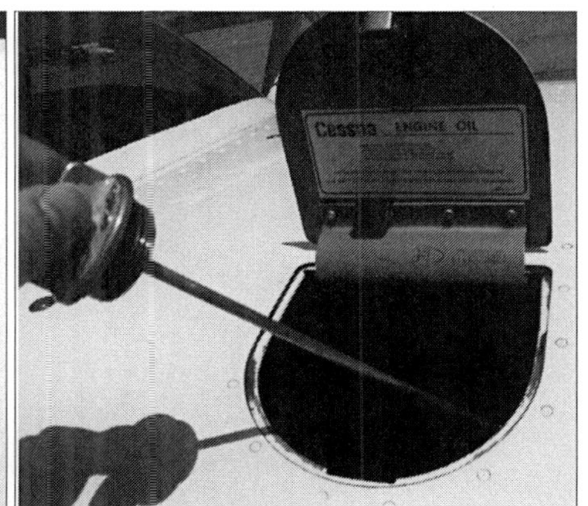

[그림 93] Dip Stick을 뺀 모습

Dip Stick은 Oil이 어느 정도 탑재되어 있는지 Sump에 찍어서 확인할 수 있는 계측장치인데, 금속 재질로 된 기다란 봉에는 Quarts 단위의

---

19 Cowl: 항공기 엔진을 덮고 있는 부품.

눈금이 표시되어 Sump에 찍으면 Oil의 양을 확인할 수 있다. 먼저 미리 준비한 수건으로 Dip Stick에 기존에 묻어 있는 Oil을 깨끗이 닦아준 후, 다시 투입구에 끝까지 집어넣는다. 그런 다음 다시 Dip Stick을 빼주면 기름이 묻어 나온 정도를 확인하여 Oil의 양을 확인할 수 있다.

C172S 항공기는 최소 5Quarts 이상의 Oil이 있어야 비행이 가능하며, 장거리항법비행(Long X-C)의 경우엔 최소 7Quarts의 Oil이 필요하다. 만약, Pre-Flight Inspection 시 Oil의 양이 부족하다면, 비행 전에 반드시 정비사에게 통보하여 필요한 Oil을 채워 넣도록 하자.

Oil의 양 외에도 Oil의 색(노란색)도 확인해야 한다. Oil이 오래되면 색이 검게 변색되므로 너무 검은색에 가깝지 않은지도 체크하자. 단, 겨울철에 기온이 낮으면 Oil이 일시적으로 어두운 색을 띨 수도 있으니 유의하자.

> **■ 더 공부해보기**
> - 『조종사 교과서 1』, p. 133, Oil Temperature & Pressure.

③ Cowl

[그림 94] Engine Cowl

Engine Cowl은 엔진을 덮고 있는 항공기의 외부부품이다. Cowl 부분에 외력으로 인한 변형이 있거나, Rivet이 손상되지는 않았는지 꼼꼼히 살펴야 한다.

④ Fuel Sump Quick Drain Valves(세 군데)

Nose 부분에도 날개와 마찬가지로 Drain Hole이 설치되어 있다. 앞쪽에 하나, 뒤쪽 가운데 부분에 하나, 뒤쪽 오른편(부기장석)에 하나가 있으며, 각각 Fuel Strainer Sump, Fuel Selector Valve Drain, Fuel Reservoir Tank Sump에 연결되어있다. 검사는 이전에 날개에서 했던 것과 같은 방식으로 Sampler Cup을 이용해 실시한다.

[그림 95] Nose Drain Hole

⑤ Nose Gear Strut

C172S 항공기의 앞바퀴를 보면 [그림 96]과 같이 Nose Gear Strut이란 부품이 장착되어 있다. 이 장치는 동체와 Nose Gear를 연결해주며, 바퀴에 가해지는 충격을 방지하기 위해 Shock Absorber를 이용해 위아래로 움직이면서 항공기에 걸리는 힘을 감쇄시킨다.

[그림 96] Nose Gear Strut

　Shock Absorber의 적당한 길이는 엄지를 제외한 나머지 네 손가락의 길이(약 5cm)를 유지해야 한다. 만약 이전 비행에서 과도한 충격을 받아 유압장치가 눌려 너무 낮은 상태가 되면, Propeller의 중심 부분의 뾰족한 부분인 Spinner([그림 97] 참고)를 손으로 잡고 항공기를 위로 살짝 들어 올려주면 된다. 단, Spinner를 만지다가 Propeller가 절대 회전하지 않도록 주의하도록 하자. 손으로 Propeller를 함부로 돌리다가는 자동으로 엔진 시동이 걸려 심각한 부상을 당할 우려가 있다.

　또한 [그림 96]에서 Strut 뒤쪽을 보면 고무 밸브를 볼 수 있다. 이 밸브로부터 배터리 내부에서 흘러나오는 황(Sulfur)이 배출된다. 너무 많은 황이 흘러나와 밸브의 고무 부분이 삭지는 않았는지도 유심히 확인하자.

[그림 97] C172 항공기의 Propeller

⑥ Nose Wheel & Tire

Nose Gear의 바퀴 부분에서는 타이어의 팽창상태(팽창, 공기압 부족 등)을 확인하면 된다. 적당한 공기압은 45.C PSI이다.

⑦ Air Filter

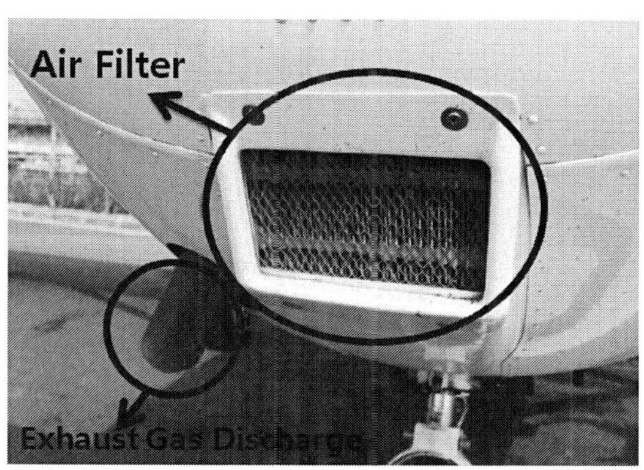

[그림 98] C172 항공기의 Air Filter

연료 연소를 위해 항공기 엔진으로 들어가는 공기는 Air Intake Port를 통해 들어가게 된다. 이 Air Intake Port의 입구에는 먼지나 이물질들이 엔진으로 들어가는 것을 막기 위해서 Air Filter([그림 98] 참고)가 장착되어있다. 이 부분이 더럽혀져 막히지 않도록 손전등(Flash Light)으로 유심히 살펴야 한다. 참고로 엔진으로 들어간 공기는 연료와 혼합되어 엔진 실린더 내부에서 연소를 다친 후 배기가스가 되어 Exhaust Gas Discharge([그림 98] 참고)를 통해 최종적으로 배출된다.

■ 더 공부해보기
- 『Private Pilot(Jeppesen)』, p. 2-17, Induction System.

⑧ Propeller & Spinner

[그림 99] Propeller 표면의 손상

[그림 100] Propeller Nicks

Pre-Flight Inspection에서 Propeller와 Spinner(Propeller 중심의 뾰족하게 튀어나온 부분)를 검사할 때 한 가지 주의해야 할 점이 있다. 절대 장난으로라도 손을 사용하여 Propeller를 직접 돌리지 않아야 한다는 것이다. 손으로 Propeller를 함부로 만져 움직이면 자동으로 엔진 시동이 걸릴 수 있으니 주의해야 한다. 시동이 걸려 빠르게 회전하는 Propeller에 신체가 닿으면 심각한 상처를 입을 수 있다.

Propeller와 Spinner를 살펴볼 때, 가장 처음 보는 것은 균열이나 변형, 또는 손상 여부이다. 특히 Propeller의 Blade(날)의 끝이 [그림 99]처럼 매끄럽지 못하거나 [그림 100]처럼 이가 빠진 곳(Nicks)이 없는지 체크해야 한다.

Propeller를 자세히 살펴보면 Blade가 안쪽에서부터 바깥쪽으로 갈수록 휘어져 있는 것을 볼 수 있다. 이렇게 Blade의 받음각(AOA[20])을 달리하는 것은 Propeller 위치별 회전하는 속도의 차이 때문이다. Propeller의 중심 부분 Blade는 느리게 돌기 때문에 받음각을 크게 해

---

20 AOA: Angle of Attack.

서 Thrust(추력)를 높여야 할 필요가 있고, 반대로 Propeller 바깥쪽은 빠르게 돌기 때문에 Blade는 받음각을 작게 설계해야 충분한 Thrust를 얻을 수 있다. 결국, Propeller의 중심 부분과 바깥쪽 부분이 동일한 힘을 얻게 하여 안정된 Thrust를 Propeller 위치에 상관없이 골고루 얻을 수 있는 것이다. 그래서 Blade의 휘어져 있는 정도도 이상이 없나 유심히 체크해봐야 한다.

참고로 C172S 항공기의 엔진 최대출력 허용치는 2,700rpm까지이다. 이 이상을 넘게 되면 Blade의 끝부분이 움직이는 속도가 음속(약 340m/s)을 돌파하게 된다. 소리의 속도보다 빠르게 움직이려는 물체는 순간적으로 엄청나게 강한 공기저항을 받게 된다. 이 과정에서 Blade가 손상이 갈 수 있으니 비행 중에 어떠한 경우라도 엔진 출력이 2,700rpm을 넘지 않도록 주의해야 한다(특히, 하강 중에는 반드시 엔진 출력을 줄여주자).

■ 더 공부해보기
- 『Pilot's Handbook of Aeronautical Knowledge』, p. 6-5.

⑨ Alternator Belt & Air Inlets

[그림 101] C172의 Air Inlets   [그림 102] C172의 Alternator Belt

C172S 항공기의 엔진은 과열을 피하고자 외부 공기를 이용하는 공랭식 엔진이다. Air Inlets([그림 101] 참고)를 통해 들어온 공기가 엔진 외부를 감싸며 흘러가게 해서 과열된 열기를 식힌다. 따라서 Air Inlets의 원활한 기능을 위해 Air Inlets가 먼지나 이물질로 더럽혀지거나 막히지는 않았는지 손전등을 이용해 꼼꼼히 확인해봐야 한다.

Air Inlets 안쪽을 살펴보면 고무 재질의 Alternator Belt([그림 102] 참고)가 있다. Alternator Belt는 Propeller가 돌아가는 회전력을 이용해 발전기를 돌려 배터리의 전기를 충전시키는 역할을 한다. 만약 Alternator Belt에 문제가 생기면 전기를 생산할 수 없고, 결국 배터리를 방전시키게 되어 수많은 전자장비를 이용할 수 없게 한다. 따라서 Pre-Flight Inspection을 할 때는 Alternator Belt가 단단히 고정되어있는지 손가락으로 잡고 가볍게 흔들어 보아야 한다.

⑩ Left Static Source

[그림 103] C172의 Left Static Source의 위치와 이를 확대한 모습

Left Static Source는 [그림 103]과 같이 C172S 항공기의 Nose 왼쪽에 설치되어 있으며 모양은 둥근 단추 모양에 미세한 구멍이 있는 형태이다. 이 장비를 통해 외부기압을 측정하게 되고, 이 측정치는 항공기의 속도, 고도, VSI 등을 계산하는 데 사용하게 된다.

만약 Left Static Source의 구멍이 먼지, 이물질 등으로 막혀 기능이 정지하면 여러 비행 계기들이 부정확한 값을 나타내므로 손전등을 이용해 Pre-Flight Inspection 시 꼼꼼히 확인해야 한다.

참고로 비행 중에 Left Static Source의 기능을 신뢰할 수 없으면 Alternate Static Source를 이용할 수 있으나, 그 수치는 다소 오류 값을 포함하게 된다.

(7) Left Wing & Left Wing Leading Edge

① Fuel Sump Quick Drain Valves(다섯 군데)

C172S 항공기는 오른쪽 날개처럼 왼쪽 날개에도 Drain Hole이 5개가 설치되어있다. 이곳에 Sampler Cup을 이용해 오른쪽 날개와 똑같은 방식으로 연료추출검사를 하면 된다.

② Fuel Quantity

정확한 연료탑재량을 확인하기 위해서 Left Wing의 Fuel Cap을 열고 연료량을 눈으로 직접 확인해준다(Right Wing과 마찬가지로 Left Wing의 연료통에 17.5GAL. 이상의 연료가 있으면 Cockpit 안의 계기가 제대로 연료량을 측정하지 못하는 문제가 있음).

Fuel Filler Tab(주유구에 설치된 짧은 관)의 아래 끝부분까지 연료가 차있으면 17.5GAL.의 연료가 있는 것이고, 주유구 입구(Fuel Cap)까지 연료가 가득 차 있으면 Full Tank(26.5GAL.)라고 보면 된다.

다만 왼쪽 날개에 Full Tank로 주유 시, 바람이 불어 주기된 기체가 흔들리면 기름이 Fuel Vent로 역류해 기체 외부로 나올 수 있다. 그러면 주기장 바닥에 연료가 눌어붙을 수 있으므로 보통 왼쪽 날개에는 Long X-C 비행이 아니면 Full Tank로 주유하지 않는다. 따라서 보통의 경우 Left Turning Tendency를 방지하기 위해 Right Wing에는 26.5GAL.을, Left Wing에는 17.5GAL.를 채워 총 44GAL.의 연료를 탑재하는 것이 일반적이다(단, 장거리 비행을 하는 Long X-C의 경우 양쪽 모두 Full Tank인 53GAL.을 탑재한다).

③ Fuel Cap

Left Wing과 마찬가지로 연료검사 후 Sampler Cup의 연료를 다시 주유구에 넣어주고 Fuel Cap을 잘 잠그도록 한다.

④ Pitot Tube(피토관)

[그림 104] C172 항공기의 Left Wing에 장착된 장비들

Right Wing과 달리 Left Wing에는 여러 가지 장비가 설치되어 있어서 Pre-Flight Inspection에서 검사해야 할 항목이 몇 가지 더 있다. Pitot Tube([그림 105] 참고)는 Left Wing의 Cockpit 쪽 부근에 있다. 이전에 수행했던 Pre-Flight Inspection에서 Pitot Tube Cover를 벗기지 않았다면 다시 확인하여 Cover를 떼어 내주자.

[그림 105] Pitot Tube

[그림 106] Pitot Tube Cover

Pitot Tube는 항공기가 움직일 때, 바람(Ram Air)의 압력(Total Pressure)을 측정해 속도를 측정하는 장치이다. 이렇게 Total Pressure를 측정한 값에 Left Static Port에서 얻은 Static Pressure(정압) 값을 빼주면 Dynamic Pressure(동압)를 얻을 수 있다. 속도계는 바로 이 Dynamic Pressure 값을 이용해 속도를 측정하는 것이다.

Pitot Tube 구멍 안에 먼지, 이물질, 벌레 등이 들어가지는 않았나 손전등을 비추어 잘 확인해야 한다. 특히 달벌(Honet) 같은 벌레 등은 좁은 구멍 안에 집을 짓는 습성이 있으므로 Pitot Tube를 유심히 보아야 한다. 항공기를 주기장에 주기시킬 때 따로 Pitot Tube Cover로 Pitot Tube를 보호해주는 이유이기도 하다. 실례로 터키항공의 민항기가 Pitot Tube Cover 사용을 소홀히 했다가 비행 전날 주기 중에 말벌이 Pitot

Tube에 집을 지어 다음날 항공기 이륙 도중 속도계가 먹통이 되어 추락한 사례도 있었다.

⑤ Stall Warning Horn

[그림 107] Stall Warning Horn

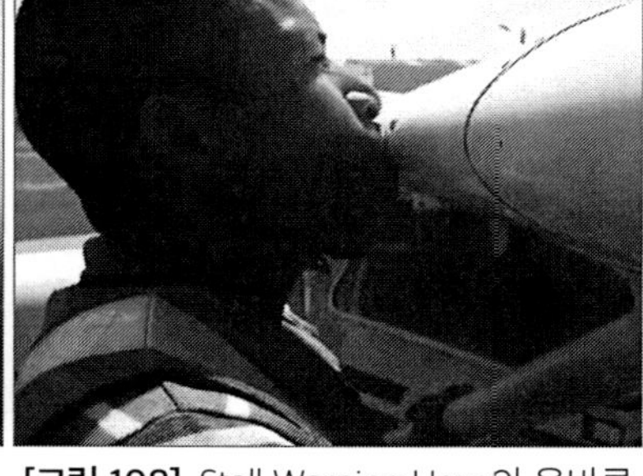

[그림 108] Stall Warning Horn의 올바른 검사방법

Right Wing과 Strut Bar가 만나는 지점 부근에 Stall Warning Horn이 설치되어 있다. 이 장치는 일종의 호루라기 또는 하모니카같이 소리를 내는 장치로 Stall(항공기가 실속에 빠져 통제 불능 상태에 이르는 현상)에 걸리지 않도록 저속상태를 조종사에게 미리 경고해주는 역할을 한다. Flap의 사용 여부, 받음각(AOA)의 정도에 차이가 있지만, 비행 중인 항공기가 점점 감속하여 Stall Speed보다 약간 높은 속도로 되면 Stall Warning Horn이 호루라기 소리를 내어 조종사에게 너무 낮은 속도로 비행하지 말라는 경보를 준다.

Stall Warning Horn의 원리는 간단하다. 저속으로 인해 날개 앞면에 음압(Negative Pressure Region of the Airfoil)이 발생하면 바람이 Stall Warning Horn 구멍으로부터 기체 외부로 빨려들어 나가면서 호루라기가 작동하는 것이다. 한 번 소리가 나기 시작하면 항공기가 매우 저속상태라는 것을 조종사는 인지해야 한다.

Pre-Flight Inspection에서 Stall Warning Horn을 검사할 때는 구멍 안쪽이 먼지, 이물질, 벌레 등으로 더럽혀지거나 막히지는 않았는지 반드시 확인해야 한다. 손전등을 비추어 눈으로 확인한 후에는, 소리가 정상적으로 나는지 체크하기 위해 [그림 108]과 같이 입으로 대로 공기를 빨아들여 소리를 확인해야 한다. 이때에는 위생 문제상 보통 거즈 같은 얇은 천(Handkerchief)을 대고 입으로 빨아들이는 것이 일반적이다.

⑥ Fuel Vent

[그림 109] Fuel Vent

항공유는 연료 특성상 온도가 높으면 쉽게 기화하는 특성이 있다. 기름이 기체로 변하면 밀폐공간인 연료통 안쪽에 과도한 압력이 가해져 위험한 상황에 이를 수 있다. 따라서 기체를 외부로 방출해줄 필요가 있는데, 이때 Fuel Vent는 연료통 안의 유증기를 외부로 방출해주는 역할을 한다.

다만 Left Wing에 연료를 Full Tank(26.5GAL.)로 주유하게 되면 연료가 Fuel Vent를 통해 새어 나올 수도 있다. 바람이 불어 주기된 항공기의 기체가 흔들리면 탑재된 연료가 넘쳐서 Fuel Vent로 흘러나오는 것이다. AV-GAS 연료는 주기장의 아스팔트 바닥에 닿으면 끈적끈적해져서 눌어붙기 쉬우므로 Left Wing에는 특별히 필요한 상황(Long X-C)이 아니면 가급적 Full Tank 주유를 피해야 한다.

Pre-Flight Inspection에서는 Fuel Vent의 관이 먼지, 이물질 등으로 막히지 않았는지 손전등을 이용해 꼼꼼히 살펴야 한다.

⑦ Tie-down

Right Wing에서와같이 Left Wing에서도 고정된 끈을 풀어준다.

⑧ Leading Edge

날개 앞쪽의 표면이 손상되거나 변형이 오지는 않았는지, Landing Light, Taxi Light의 외관에 문제가 없는지 등을 확인한다.

(8) Left Wing Trailing Edge

① Wing tip

Right Wing과 마찬가지로 Left Wing의 끝부분도 이상이 없는지 보고, Nav와 Strobe Light의 전구도 손상은 없는지 확인한다.

② Aileron

Aileron을 손으로 잡고 위아래로 움직여 Full Range로 움직이는지 보고, 동시에 다른 편 날개에 있는 Aileron이 반대 방향으로 움직이는지 확인한다. Control Linkage 부븐에 이상은 없는지 연결 부위도 꼼꼼히 체크해보자.

③ Flap

Right Wing과 마찬가지로 Left Wing의 Flap도 손으로 잡고 가볍게 움직였을 때, 단단히 고정되어 흔들림이 없어야 한다. Control Linkage 부분도 이상이 없는지 꼼꼼히 확인한다.

④ Landing Gear Strut & Main Wheel Tire

Right Wing과 마찬가지로 Left Wing의 Landing Gear도 같은 방식으로 점검해준다.

(9) 마무리

① Baggage

Cabin부터 Left Wing까지 Pre-Flight Inspection을 모두 끝마쳤으면 다시 Baggage로 돌아와서 사용했던 장비들(Sampler Cup, 손전등, 수건 등)을 다시 넣어주고 Baggage Door는 반드시 Key로 잠가준다(이전에 Pre-Flight Inspection을 시작할 때, Baggage Door 열쇠 구멍에 Key를 꽂아놨었기 때문에, Pre-Flight Inspection을 종료할 때 미리 꽂혀있는 Key를 보고 조종사가 잠금장치를 잠그는 것을 잊지 않도록 도와준다). 비행 중에 Baggage Door가 외부충격에 의해 열려버리면, 곧바로 공항으로 돌아와 착륙해야 하기 때문에 비행훈련에 차질을 빚을 수 있다.

② Key

Baggage를 잠그고 난 후, Key는 Cabin으로 다시 가지고 와서 Cockpit의 계기판 위에 올려두고 항공기 시동을 걸 때 사용한다.

③ Headset

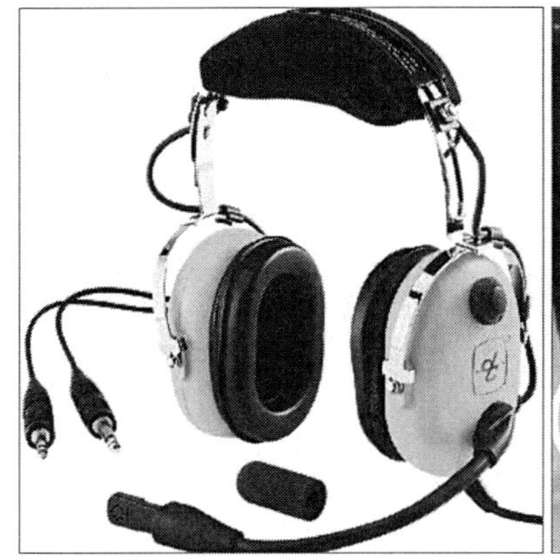

[그림 110] 항공기용 Headset

[그림 111] C172S의 Headset Plug

조종사는 비행 중 무선교신을 수행하기 위해 Headset 장비가 필요하다. Headset에는 청취와 마이크를 위한 코드가 각각 한 개씩 존재하며, 이를 사용하기 위해서는 [그림 111]처럼 Cockpit 좌측 하단에 위치한 Plug에 꽂아 넣어야 한다.

[그림 112] Headset을 잘못 놓은 모습

[그림 113] Headset을 올바른 방식으로
놓은 모습

Headset을 둘 때, Key처럼 Cockpit의 계기판 위에 올려두면 안 된다. [그림 113]처럼 Yoke에 걸쳐두거나, 아니면 시트 위에 두어야 한다. [그림 112]처럼 계기판에 올려두게 되면 Headset 내에 장착된 자석부품이 계기판에 설치된 전자기기에 영향을 줄 수 있기 때문이다.

④ Air Vent

[그림 114] C172S의 Air Vent

C172S 항공기 Cabin 내의 Cockpit 측면을 보면 Air Vent를 볼 수 있다. 왼쪽, 오른쪽에 각각 2개씩 설치되어 있으며, 외부의 공기를 Cabin

안으로 공급해주는 역할을 한다.

Air Vent의 바람세기는 항공기의 비행속도에 비례하는데, 동그란 노브 부분을 손으로 돌려 열거나 닫아 비행 중에 바람세기를 조절할 수 있고, 위치를 조작하여 바람의 방향도 바꿀 수 있다. 조종할 때, 바람이 몸에 닿으면 사소한 것이지만 조종사의 컨디션에 영향을 미칠 수 있으므로 본인만의 스타일에 맞는 세팅이 필요하다. 추운 겨울에는 Air Vent의 바람을 줄이고, 더운 여름에는 최대한 열어둔다든지, 혹은 바람에 민감해 불쾌감을 느껴서 아예 닫아둔다든지 하여 최대한 본인의 스타일대로 미리 준비해두는 것이 중요하다. 특히 손에 땀이 많이 나는 사람은 바람 방향이 Yoke 쪽을 향하게 하면 손을 건조시킬 수 있다. Air Vent는 사소한 것이지만 꼼꼼히 대비한다고 나쁠 것은 없다. 값비싼 비행교육시간 중, 컨디션 문제로 훈련에 차질을 빚지 않도록 해야 하기 때문이다.

4. 기타 비행 준비에 더 필요한 사항들

1) E6-B Flight Computer

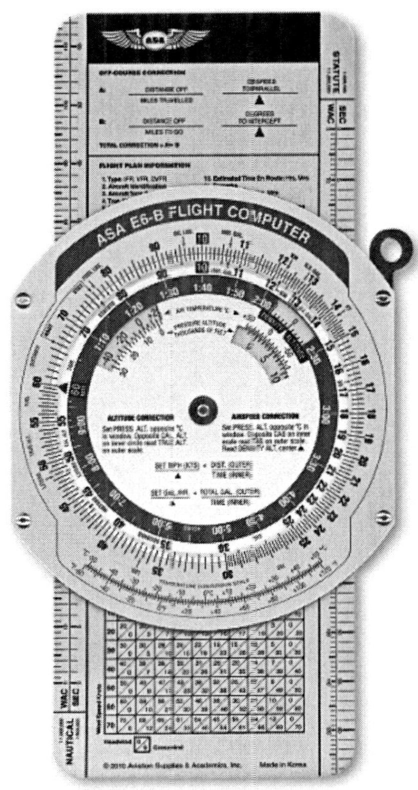

[그림 115] E6-B Flight Computer

Flight Computer는 조종사가 비행 중에 일정 수준 이상의 정확도를 요하는 계산을 손쉽게 하려고 1930년대 미국에서 'E1-A'란 이름으로 처음 개발되어, 현재는 개량을 거듭하여 'E6-B' 버전까지 개발이 되었다.

E6-B는 복잡해 보이지만 조금만 공부하면 사용하기 편리하고, 비행에 필요한 다양한 계산을 빠르게 할 수 있다. 비행에 있어서 반드시 준비해야 하는 준비물이기도 하고, 체크비행에서도 평가에 중요한 항목으로 반드시 E6-B 사용법이 들어가 있으니 이 장에서 그 원리와 계산법을 완벽하게 숙지하도록 하자.

E6-B는 Computer Side(앞면)와 Wind Side(뒷면)로 구분되어 있으며 각각의 용도에 차이가 있다. 큰 개념으로 구분하여 쉽게 설명하자면, Computer Side는 단위환산, 시간/속도/거리 계산, 연료소요량 같은 단순계산에 사용되고, Wind Side는 X-C 비행 Flight Planning에 있어서 Wind-drift 계산에 이용된다.

(1) Computer Side

Computer Side는 바깥쪽 원인 Outer Scale과 안쪽 원인 Inner Scale로 구분되어 있고, 원마다 일정 간격으로 숫자가 적혀있다. 이 둘의 차이점이라면 Outer Scale은 고정되어있는 반면 Inner Scale은 손으로 돌려 회전시킬 수 있다는 것이다. 즉, 단순한 비례 법칙을 이용하여 계산하는 것이다.

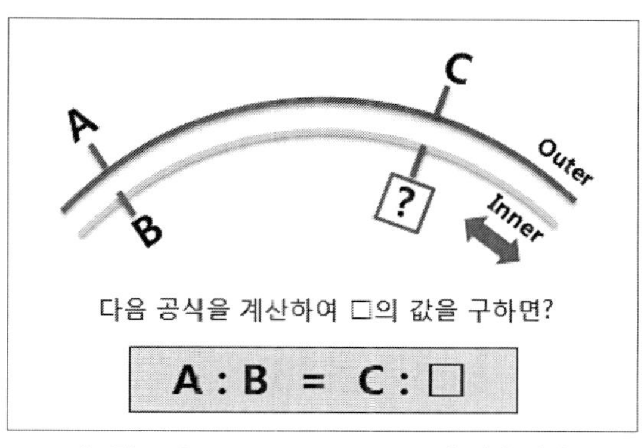

[그림 116] E6-B Computer Side의 계산 원리

예를 들어 'A : B=C : □' 라는 계산문제를 E6-B를 활용해 풀어보자. 먼저 [그림 116]과 같이 A 값을 Outer Scale에서 찾은 후, 이에 상응하는 B의 값을 Inner Scale에서 찾아 회전시켜 A와 B가 서로 맞닿도록 한다. 그런 다음 C의 값을 Outer Scale에서 찾고 이에 맞닿은 Inner Scale의 값을 찾으면 □의 값을 간단히 찾을 수 있다.

① 속도/거리

■ 예제

항공기의 Ground Speed가 150KTS일 때, 245㎚ 떨어진 지점에 가려면 시간이 총 몇 분 소요되는가?

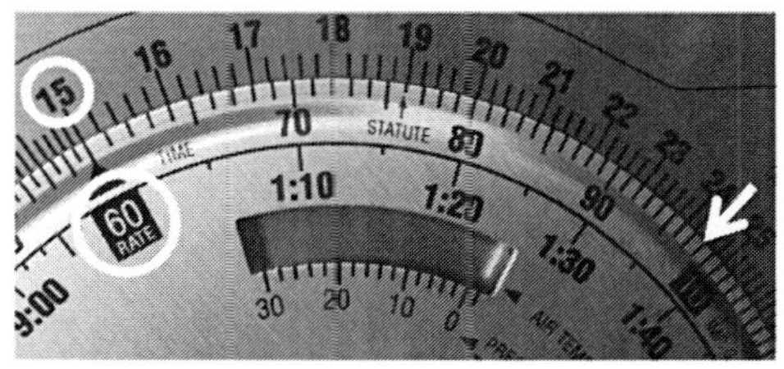

[그림 117] E6-B 속도/거리 문제 풀이

속도가 150KTS(1시간당 150 Nautical mile을 간다는 의미)이므로 Inner에 '60(60분)'을, Outer의 '15(150㎞)'에 맞춰준다. 그러고 나서 245㎞를 뜻하는 '24.5'를 Outer에서 찾으면, 이에 대응하는 Inner의 값은 약 '98(98분)'임을 알 수 있다.

② Fuel Endurance

■ 예제

Fuel Endurance(탑재된 연료로 비행 가능한 최대시간)가 4.5hrs이고, GS가 125KTS일 때, 이 항공기는 앞으로 얼마만큼의 거리를 더 비행할 수 있는가?

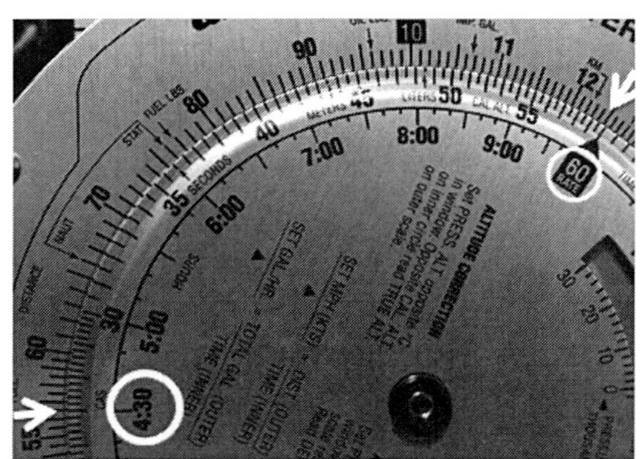

[그림 118] E6-B Fuel Endurance 문제 풀이

■ 풀이

Inner Scale에는 시간 단위도 표시가 되어있으므로 이를 활용해보자. 속도가 125KTS이면 1시간당 125㎞의 거리를 간다는 의미이므로, Inner의 '60(60분)'과 Outer의 '12.5(125㎞)'을 맞추어준다. 그리고 총 4.5시간을 비행할 수 있으므로 Inner에서 '4:30'을 찾아 맞닿아 있는 Outer Scale을 읽

어주면 앞으로 갈 수 있는 최대거리는 약 564㎚이라는 것을 알 수 있다.

③ Unknown Speed

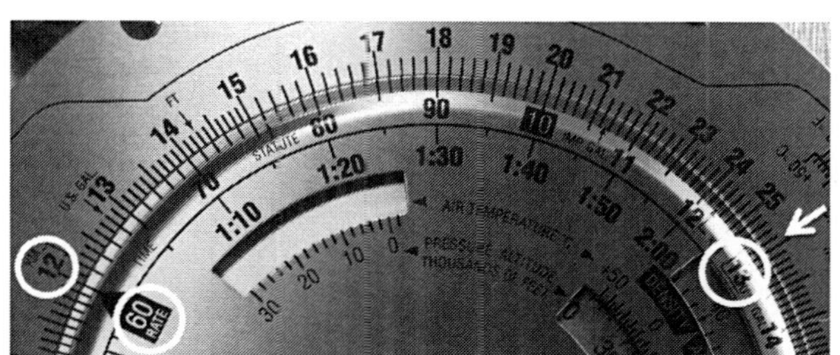

[그림 119] E6-B Unknown Speed 문제 풀이

■ 풀이

먼저 Inner의 '13(13분)'을 Outer의 '26(26㎚)'에 맞춘다. 그리고 속도
는 시간(hr)당 거리(㎚)이므로 '60(60분)'을 Inner에서 찾으면 답은 맞닿은
Outer의 '12(120㎚)'이다.

④ Fuel Consumption

---

21 GPH: Gallon Per Hour.

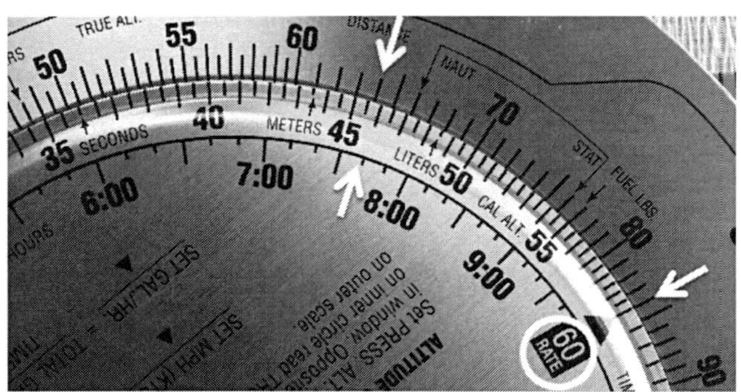

[그림 120] E6-B Fuel Consumption 문제 풀이

■ 풀이

먼저 Outer의 '84(8.4GPH)'와 Inner의 '60(60분)'을 맞춘 뒤, Outer의 '64(64GAL.)'와 맞닿은 부분을 Inner에서 찾으면 약 '7:37(7시간 37분)'이 답임을 알 수 있다.

⑤ Average Fuel Consumption

■ 예제

4시간 20분의 비행 동안 총 32GAL.의 연료를 사용했다면, 시간당 평균 연료 소비는 몇 GPH인가?

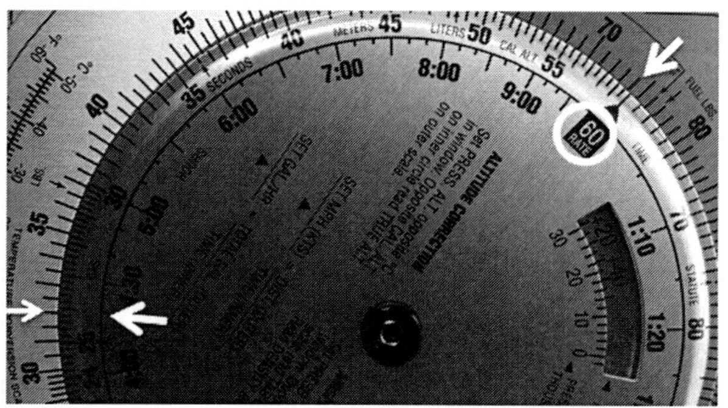

[그림 121] E6-B Average Fuel Consumption 문제 풀이

■ 풀이

먼저 Outer의 '32(32GAL.)'와 Inner의 '4:20(4시간 20분)'을 맞춘 뒤, Inner 의 '60(60분)'에 맞닿은 부분을 Outer에서 찾으면 약 '7.4(7.4GPH)'가 답임 을 알 수 있다.

⑥ Nautical mile / Statue mile / ㎞ 단위환산

[그림 122] E6-B Nautical mile / Statue mile / ㎞ 단위환산 풀이

■ 풀이

'90(90㎚)'을 Outer의 'NAUT'가 표시된 화살표에 맞추면 'STAT'가 표시 하는 '10.35'는 103.5sm을, 'KM'가 표시하는 '16.6'은 166㎞를 의미한다.

⑦ Meter/Feet 단위환산

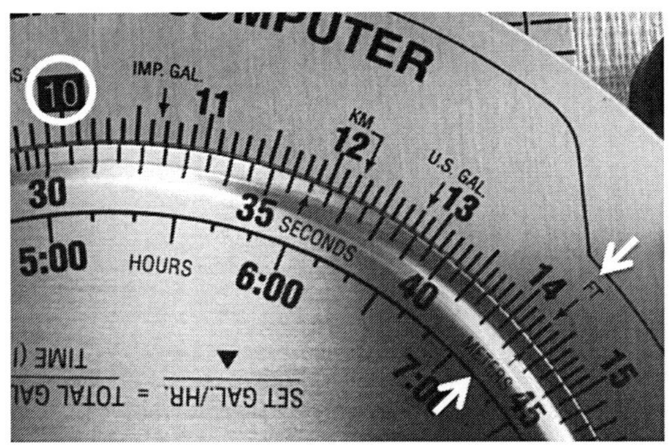

[그림 123] E6-B Meter/Feet 단위환산 풀이

■ 풀이

Outer의 'FT' 화살표를 Inner의 'METERS' 화살표에 맞추고, Outer의 '10(100ft)'과 맞닿은 Inner의 부분을 찾으면 약 '30.5(30.5m)'임을 찾을 수 있다.

⑧ TAS & Density Altitude

고도가 올라갈수록 공기가 희박해져 Pitot Tube로 속도를 측정한 값인 IAS(Indicated Airspeed)는 정확한 속도를 계산하는 데 있어 오류 값을 내포하게 된다. 이러한 문제점을 보완하기 위해 Altitude(고도)와 Nonstandard Temperature로 오류를 수정한 것이 TAS(True Airspeed)이다.

TAS는 고도가 1,000ft씩 상승할수록 값이 IAS에 비해 약 2%씩 상승하게 되는데, 비행 중에 조종사는 이를 E6-B를 이용해서 계산할 수 있다. Flight Plan에서의 속도는 반드시 TAS기준으로 작성되므로 조종사는 TAS의 개념을 완벽하게 이해하고 있어야 한다(G1000 Glass Cockpit의 경우엔 PFD에 TAS값이 자동으로 계산되어 표시되므로 E6-B를 계산할 필요는 없다).

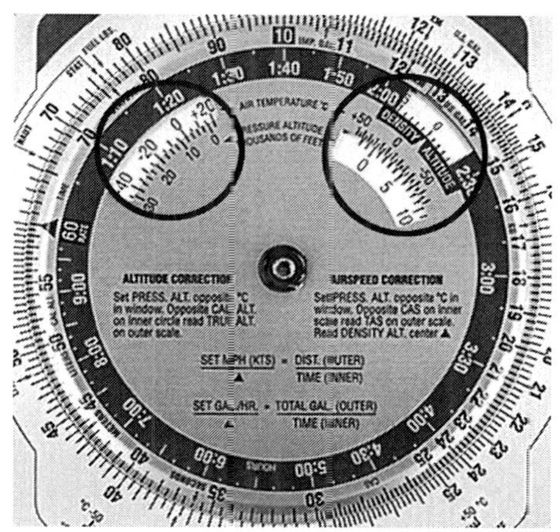

[그림 124] E6-B의 Windows

E6-B의 회전판을 보면 3개의 구멍이 뚫려있는 것을 볼 수 있는데, 이를 Window라고 부른다. 왼쪽의 Window는 True Altitude와 Indicated Altitude를 비교하는 데에 쓰이고, 오른쪽 2개의 Window는 TAS와 Density Altitude 계산에 이용된다.

■ 예제

현재 항공기가 7,500ft MSL에서 비행 중이고 OAT(Outside Air Temperature) 계기가 20℃를 지시하고 있다. 고도계에 현지기압이 아닌 표준기압(29.92inHg)을 세팅했을 때는 고도계는 8,000ft를 지시했다. 이때, 속도계가 100KTS를 지시하고 있다면, TAS와 Density Altitude의 값은 어떻게 되는가? E6-B를 이용해 구해보시오.

■ 풀이

Density Altitude를 구하려면 먼저 Pressure Altitude를 계산해야 한다. Pre-Flight Breifing에서는 아래 공식을 이용해 값을 얻었지만, 비행 중에는 공식으로 값을 구하기가 어렵다. 우선 비행 중인 지점의 Current Pressure를 얻기 힘든 데다가(공항 같은 특정 지점의 경우에만 ATC에게 정확한 압력 수치를 무선교신으로 물어볼 수 있음), 항공기를 조종하면서 동시에 복잡한 계산을 한다는 것 자체가 매우 위험한 일이기 때문이다.

PA(ft) = (29.92inHg - Current Pressure) × 1,000 + Field Elevation
DA(ft) = (Current Temperature - 15℃) × 120 + PA

이런 경우에 PA를 간단하게 구할 방법이 있다. PA의 정의는 표준기압(29.92inHg or 1013.2mb)에서의 고도이므로, 고도계에 직접 29.92inHg 값을 넣어서 고도계가 지시하는 값이 바로 PA인 것이다(단, 비행의 안전을 위해 이전의 압력 수치를 기억하고 있다가 PA 값을 알아낸 후에는 다시 원래대로 돌려놓아야 한다).

[그림 125] 고도계의 노브를 돌려
표준기압 29.92inHg를 세팅한 모습

[그림 126] OAT(Outside Air Temperature)

PA 값을 구했으면 이번엔 정확한 온도를 측정해야 한다. 외부기온의 경우는 OAT(Outside Air Temperature) 계기를 참고하면 된다.

문제에서 PA가 8,000ft, OAT가 20℃라고 주어졌으므로, 남은 것은 이를 E6-B에 적용하는 것뿐이다.

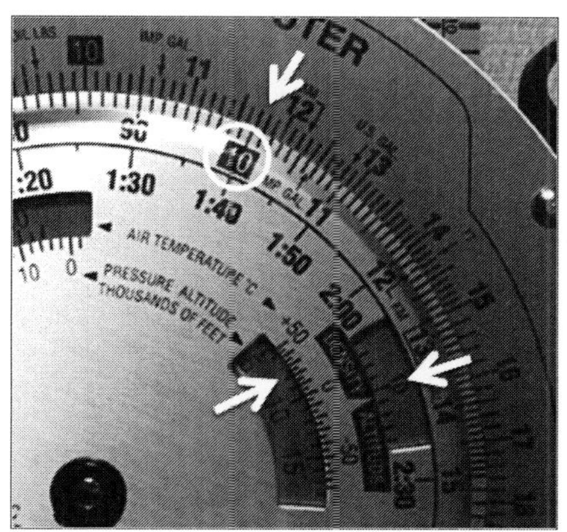

[그림 127] E6-B TAS & Density Altitude 문제 풀이

E6-B의 오른쪽 아래 Window에 '8(8,000ft)'과 '20(20℃)'를 서로 만나게 회전판을 회전하면, DENSITY ALTITUDE라고 표시된 Window에 DA 값(약 10,400ft)이 나오게 된다. 속도는 IAS가 100KTS라고 했으므로 Inner Scale에서 '100'과 맞닿은 부분을 Outer Scale에서 찾으면 TAS는 약 '117(117KTS)'임을 알 수 있다.

**[항공지식 PLUS] E6-B에서 TAS를 구할 때,
CAS(Calirated Airspeed) 대신 IAS를 사용해도 무방한 이유?**

TAS의 값은 원칙적으로 IAS에서 CAS로 변환한 뒤, TAS로 변환하는 것이 올바른 계산법이다. 따라서 위의 문제에서도 IAS(100KTS)를 CAS(97KTS)로 바꾼 후, E6-B에서 '97'에 상응하는 '114(114KTS)'가 더 정확한 TAS 값이라고 볼 수 있다.

하지만 IAS와 CAS 값은 보통 서로의 차이가 2KTS 내외밖에 나지 않으므로, 실제 비행에서는 그냥 IAS 값을 이용하는 경우가 많다. 아래의 표는 C172S 항공기의 IAS/CAS 변환표이다. 실제로도 서로의 값이 크게 차이 나지 않는다는 것을 확인할 수 있다.

Airspeed Calibration

Normal Static Source

Conditions:

Power required for level flight or maximum power descnet

Flaps UP	
KIAS	50 60 70 80 90 100 110 120 130 140 150 160
KCAS	56 62 70 78 87 97 107 117 127 137 147 157
Flaps 10°	
KIAS	40 50 60 70 80 90 100 110
KCAS	51 57 63 71 80 89 99 109
Flaps FULL	
KIAS	40 50 60 70 80 85
KCAS	50 56 63 72 81 86

<표 29> C172S 항공기의 IAS/CAS 변환 표(POH p. 5-10 참고)

[항공지식 PLUS] Analog/Digital 계기에서 TAS 구하기

[그림 128] G1000 Glass Cockpit의 PFD

C172S에 G1000 Glass Cockpit이 탑재된 경우에는 TAS를 따로 구할 필요가 없다. 속도를 나타내는 Airspeed Tape의 아래쪽에 따로 TAS 값이 자동으로 계산되어 표시되기 때문이다.

[그림 129] Airspeed Indicator(속도계)의 E6-B 기능

Analog 계기가 탑재된 C172S라고 하더라도, TAS를 구하는데 굳이 E6-B가 필요하진 않다. 속도계 계기 자체에 E6-B 기능이 탑재되어 있기 때문이다. 속도계의 왼쪽 아래에 있는 노브를 돌려 속도계 상단의 E6-B에 PA 값과 OAT 값을 서로 맞추면, 속도계 하단에서 TAS를 알 수 있다.

■ 더 공부해보기

- 『조종사 교과서 1』, p. 137, 속도의 증류.
- 『조종사 교과서 1』, p. 138, 속도계로 TAS 구하기.
- 『조종사 교과서 1』, p. 145, 고도의 종류.

⑨ Mach / TAS(KTS) 단위환산

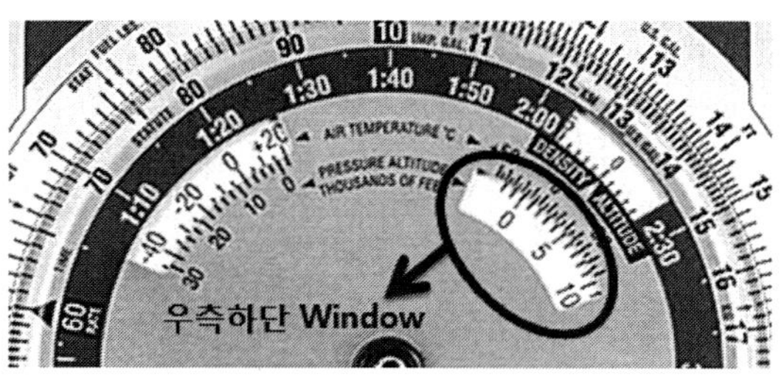

[그림 130] E6-B 우측 하단 Window

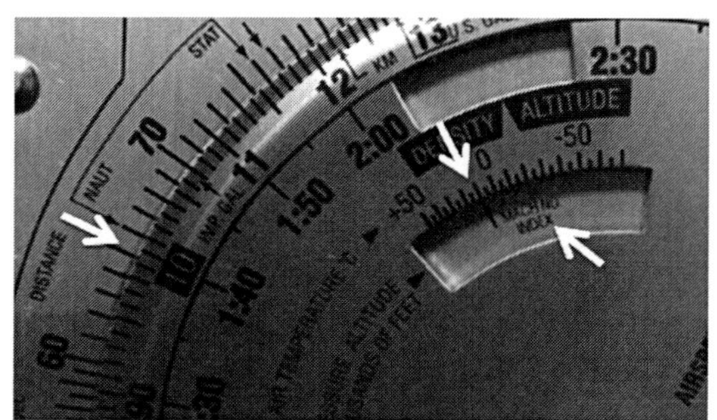

[그림 131] E6-B Mach / KTS 단위환산 풀이

■ 풀이

E6-B Window 중 오른쪽 아래의 것을 Outer Scale의 80~90 사이로
회전시키면, 'MACH NO. INDEX'라고 써진 화살표를 찾을 수 있다. 이
화살표를 OAT 10℃에 맞추어 놓고, Inner의 '10(Mach1.0)'에 대응하는 부
분을 Outer에서 찾으면 TAS는 약 '650KTS(65)'라는 것을 알 수 있다.

(2) Wind Side

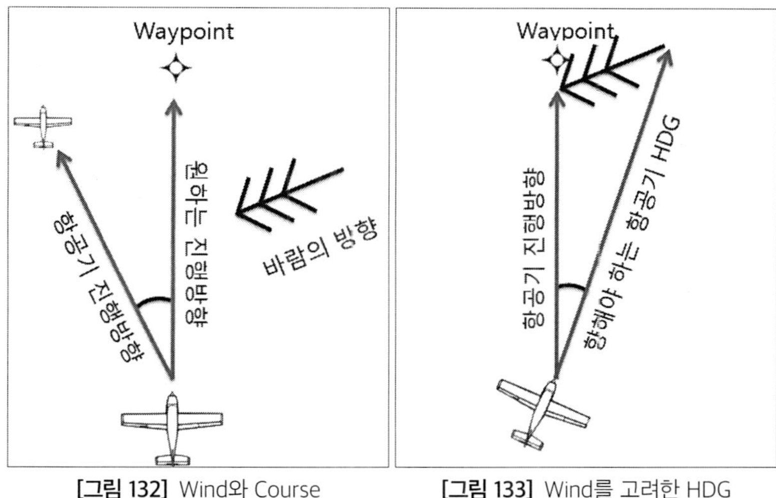

[그림 132] Wind와 Course　　　　[그림 133] Wind를 고려한 HDG

상공에서는 항상 바람이 불고 있기 때문에 항공기의 진행 방향 (Course)에 영향을 미치게 된다. 즉, 항공기의 HDG(Heading)이 가고자 하는 곳(Waypoint)을 향하고 있어도 바람의 영향으로 항공기가 다른 방향으로 치우쳐 나아가게 되는 것이다. 따라서 HDG을 적절한 각도인 WCA[22]를 바람 쪽으로 주어 비행해야 하는데, 이는 E6-B를 통해 계산이 가능하다.

22　WCA: Wind Correction Angle.

① HDG & GS 구하는 문제

■ 예제

조건이 다음과 같을 때, True Heading과 Ground Speed를 구하시오.

- True Wind = 190°, 10KTS
- True Course = 310°
- TAS = 120KTS

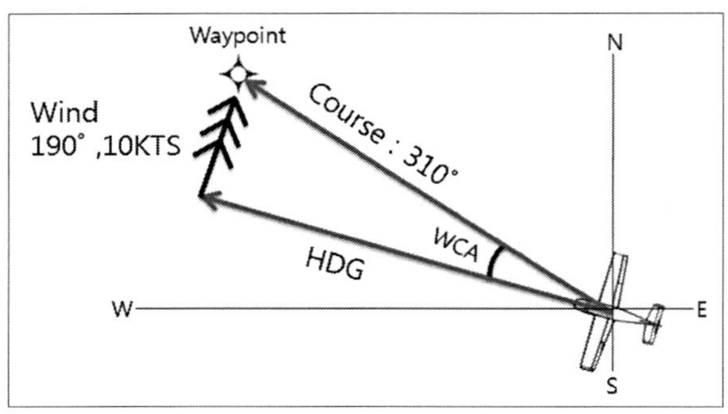

[그림 134] 문제의 도식화

■ 풀이

우선 문제를 도식화시켜보면 [그림 134]와 같다. 커다란 종이 위에 자와 각도기를 이용하여 그림을 그리면 WCA를 구해 HDG과 GS를 알 수 있겠지만, 비행 중에 조종사가 위와 같은 복잡한 도식을 그리는 것은 불가능에 가깝다. 왼손으론 Yoke를, 두 발로는 Rudder를 Control하고 항공기 바깥과 주요계기(6Pack+Tach)를 눈으로 빠르게 스캔하며, 동시에 오른손으로는 복잡한 작업을 하면 비행 안전을 장담할 수 없다. 게다가 Turbulence 같은 기상현상까지 동반되면 그야말로 조종사는 공황상태에 빠진다.

이러한 문제점을 극복하기 위해 개발된 E6-B는 조종사가 간단하게 WCA를 구하는 것을 가능하게 해주며, 그 절차는 다음과 같다.

(a) Wind Component

E6-B의 Wind Side를 보면 각도와 길이 눈금이 빼곡히 들어서 있는 평면 위에 회전판이 있고, 그 회전판 한가운데에 작은 구멍(Grommet)이 뚫려있는 것을 확인할 수 있다. 우선 Wind Component를 기입하기 위해서 [그림 135]와 같이 Slide를 밀어서 Grommet을 길이눈금(10단위) 아무 곳에나 두도록 한다. 눈금은 140, 150, 160 등 그 어느 것이나 상관없다. 그리고 회전판은 True Index에 Wind의 방향인 190°가 오도록 회전시킨다. 마지막으로 바람세기가 10KTS이므로 Grommet에서 10의 길이만큼 떨어진 부분에 연필이나 수성사인펜 등으로 점(Wind Dot)을 찍어 표시해준다(만약 Grommet이 160에 있었다면 10KTS의 거리를 두어 위쪽인 170에 점을 찍는다).

절차 1 - Grommet을 눈금에 Set
절차 2 - Wind 방향 Set
절차 3 - 바람세기만큼을 Wind Dot으로 표시

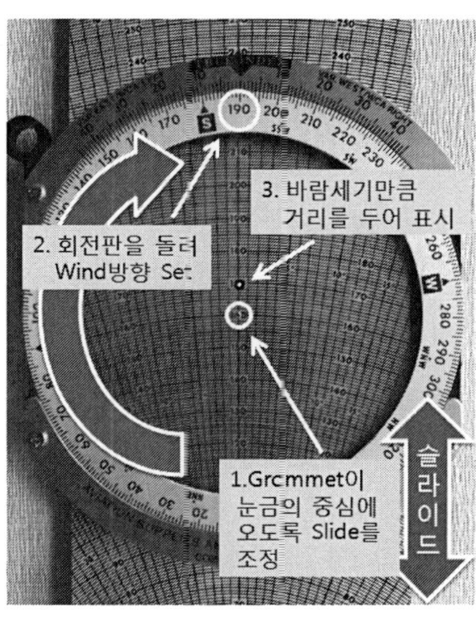

[그림 135] E6-B HDG & GS

(b) Course

E6-B에 Wind Dot(점)을 잘 표시해두었으면, 다음은 True Index에 Course의 방위를 Setting 해야 한다. 회전판을 돌려 Course인 310°를 맞추어 놓자. 그런 다음엔 Wind Dot이 TAS의 값인 120 눈금에 오도록 Slide를 밀어 조정하자.

절차 4 - Course 방향 Set
절차 5 - Wind Dot을 TAS에 맞춤

[그림 136] E6-B HDG & GS

(c) WCA & GS

눈치가 빠른 사람은 벌써 알아차렸겠지만, 지금까지 수행한 절차는 [그림 134]의 도식판을 E6-B에 그대로 옮겨놓은 것에 불과하다. 즉, [그림 136]에서 보았을 때 HDG은 Course(310°)에서 왼쪽으로 WCA(4°)만큼 틀어진 306°이다. WCA는 E6-B에 나온 각도의 눈금을 읽으면 된다. WCA가 Course의 왼쪽이면 '-', Course의 오른쪽이면 '+'로 계산해주면 된다. 그리고 Ground Speed는 Grommet이 위치한 곳의 눈금을 읽어주면 된다. [그림 136]에선 Grommet이 124에 있으므로 Ground Speed는 124KTS가 된다.

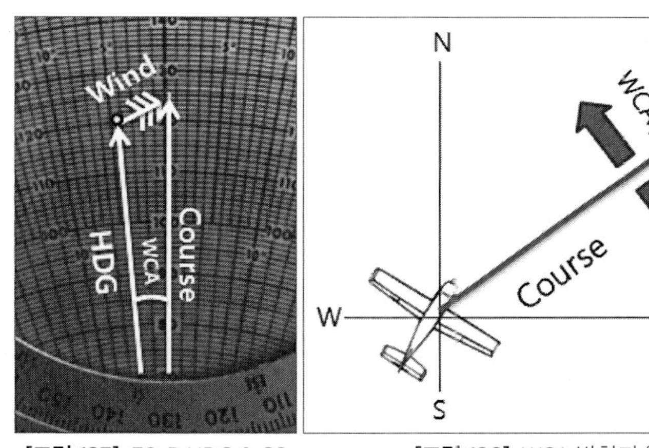

[그림 137] E6-B HDG & GS　　　[그림 138] WCA 방향과 '+', '-'

② Wind 구하는 문제

■ 예제
조건이 다음과 같을 때, 바람의 방향과 평균풍속을 구하시오.
- True Heading = 200°
- True Course = 190°
- TAS = 150KTS
- GS = 140KTS

(a) Cour00se & HDG

이번에는 Course, HDG, TAS, GS를 알고 있는 상황에서 Wind Component를 계산해내는 문제이다. 언뜻 보기에 어렵게 느껴질 수 있지만, 기본원리는 이전 문제와 동일하므로 조금만 공부하면 쉽게 풀어낼 수 있다.

절차 1 - Grommet에 GS 값 Set
절차 2 - True Index에 Course 값 Set
절차 3 - HDG의 연장선상과 TAS의 연장선상이 서로 만나는 지점에 연필로 Wind Dot 표시

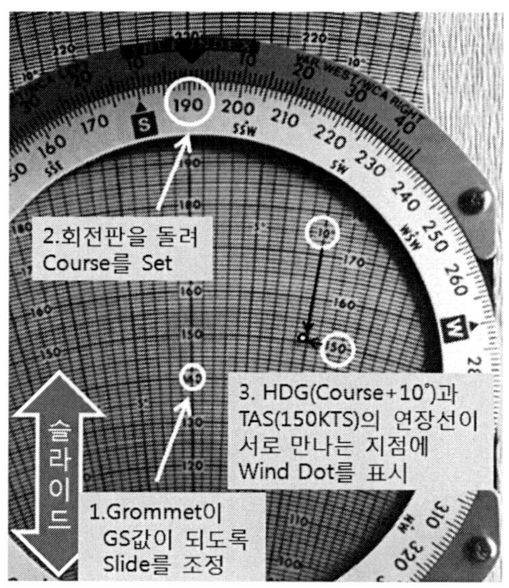

[그림 139] E6-B Wind

우선 처음 해야 할 것은 Course를 설정하는 것이다. GS가 140KTS이므로 [그림 139]처럼 Grommet을 140 눈금에 올려두고 True Index에는 회전판을 돌려 Course의 방향인 190°를 세팅한다.

다음은 HDG을 고려해야 한다. HDG이 200°(Course+10°)이고, TAS가 150KTS이므로, 오른쪽(+)으로 10°에 해당하는 눈금의 연장선과 150 눈금의 연장선이 서로 만나는 지점에 연필로 점(Wind Dot)을 찍어야 한다.

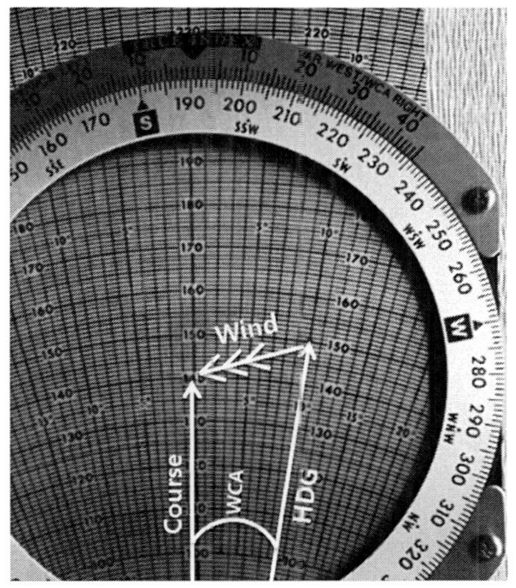

[그림 140] E6-B Wind

[그림 140]은 이해를 쉽게 하기 위하여 E6-B 상에 도식화를 시켜본 모습이다. Wind Component는 Wind Dot에서 시작하여 Grommet에서 끝난다는 것을 알 수 있다.

(b) Wind Component

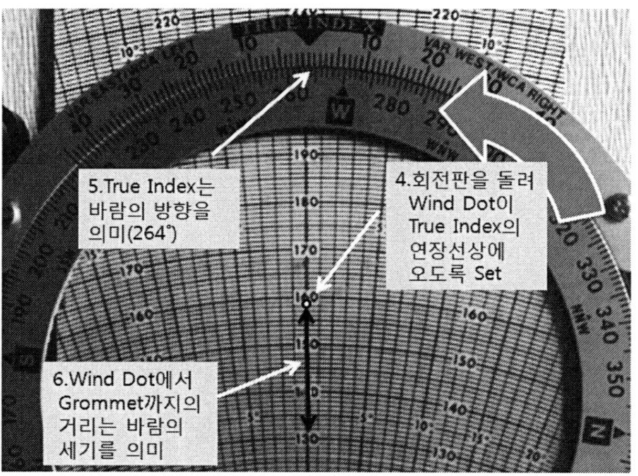

[그림 141] E6-B Wind

절차 4 - Wind Dot이 중심선에 오도록 회전판 돌리기

Wind Dot이 E6-B의 중심선(True Index와 Grommet을 연결하는 선)에 오도록 회전판을 회전시키면 Wind의 방향과 세기를 알아낼 수 있다. [그림 141]에서 True Index가 가리키는 264°는 바람의 방향이고, Grommet에서 Wind Dot과의 거리(27KTS)는 바람의 세기를 의미한다.

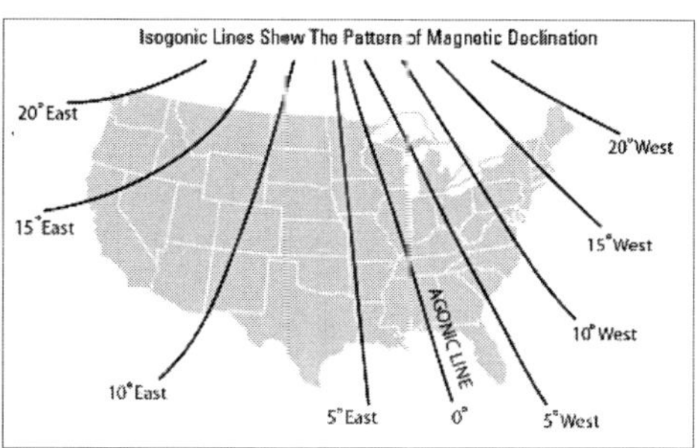

[그림 142] 미국 지도의 Magnetic Variation

지금까지 E6-B의 Wind Side를 공부하며 예제 두 가지를 풀어보았으나, 한 가지 설명하지 않은 개념이 있었다. Magnetic Variation이 바로 그것이다.

지도상에서의 진짜 북쪽인 True North와 자기장 중심 Magnetic North는 서로 차이가 날 수밖에 없다. 지구의 자기장이 실제로는 진짜 북극(True North)을 가리키는 것도 아닌 데다 세계의 지역마다 그 방향이 일정치가 않기 때문이다. [그림 142]에서 볼 수 있듯이 미대륙의 Variation만 해도 일관성이 없고 각양각색이라는 것을 알 수 있다.

앞의 Wind Side 예제들은 모두 True North(진북) 기준의 방위를 이용한 문제들이었다. 하지만 실제 비행에서 이를 적용하려면 약간의 오차가 생긴다. 항공기의 계기들은 지구의 자기장을 감지하여 방위를 측정하기 때문에 Magnetic North(자북)를 기준으로 한다. 즉, True North가 아닌 Magnetic North(자북)를 중심으로 하는 항공기 계기를 다룰 때는 오차를 계산해주어야 할 필요가 있는 것이다.

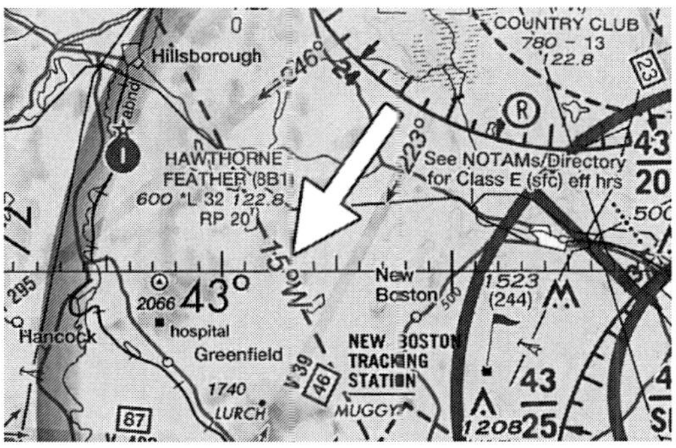

[그림 143] Sectional Chart의 Magnetic Variation

VFR 비행을 위한 Chart나 지도를 보게 되면 [그림 143]과 같이 ‘두 자리 숫자’와 ‘W’ 혹은 ‘E’가 조합된 것을 확인할 수 있는데, 바로 이것이 해당 지역의 Magnetic Variation을 의미한다. Magnetic Course를 계산할 때, ‘W(West)’는 True Course에 값을 더해주면(+) 되고, ‘E(East)’ True Course에 값을 빼주면(-) 된다. 참고로 우리나라 지역의 경우엔 Magnetic Variation이 ‘7.5W’이므로, True Course에서 7.5°를 더해줘야 Magnetic Course가 나오게 된다.

■ Magnetic Varition 계산의 예

- ‘15°W’: Magnetic Course=True Course+15°

- ‘5.5°E’: Magnetic Course=True Course-5.5°

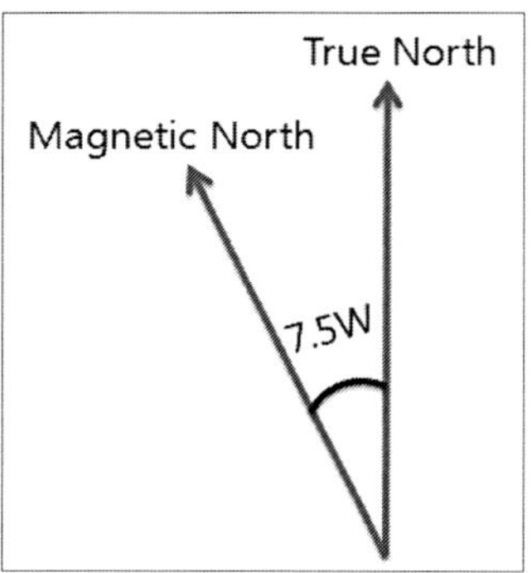

[그림 144] 자북/진북(한국기준)

자가용 조종사 과정의 VFR 비행은 위에서 설명한 것과 같이 True Course를 중심으로 비행을 하지만, 계기비행과정(IFR)로 넘어가면 상황이 달라진다. 모든 IFR Chart에는 Magnetic Variation에 관한 사항이 전혀 인쇄되어 있지 않다. IFR 비행 자체가 바깥을 참고하지 않고, 항공기의 계기에만 의존하는 비행이기 때문이다. 따라서 계기비행에 관한 Chart의 모든 방위는 Magnetic Course로 표현된 것이 VFR 비행과 다르다.

■ 더 공부해보기

- 『조종사 교과서 1』, p. 190, Variation(편차).

③ HDG & GS 구하는 문제(with Variation)

■ 예제

조건이 다음과 같을 때, Magnetic Heading과 Ground Speed를 구하시오.

- True Wind = 080°, 15KTS
- True Course = 300°
- TAS = 110KTS
- VAR = 7.5°W

■ 풀이

Variation을 고려해야 하는 E6-B 문제는 제일 먼저 Magnetic을 기준으로 할지, True를 기준으로 할지를 정해야 한다. 위의 예제에서는 True로 표시된 값이 많으므로 E6-B상에서 True 기준으로 문제를 풀어보자.

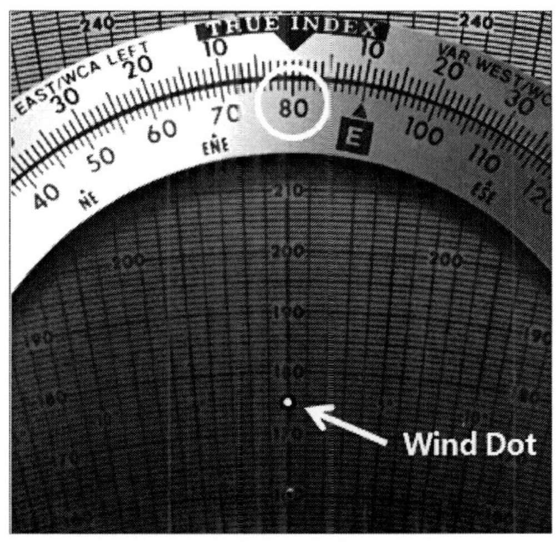

[그림 145] E6-B HDG & GS with VAR

먼저 바람 정보를 E6-B에 넣기 위해서 회전판을 돌려 True Index에 True Wind의 방향인 080°를 놓고, Grommet은 임의의 눈금 위에 놓는

다. True Wind의 세기가 15KTS이므로 Grommet으로부터 위쪽으로 15
의 거리를 두고 연필로 Wind Dot을 표시한다.

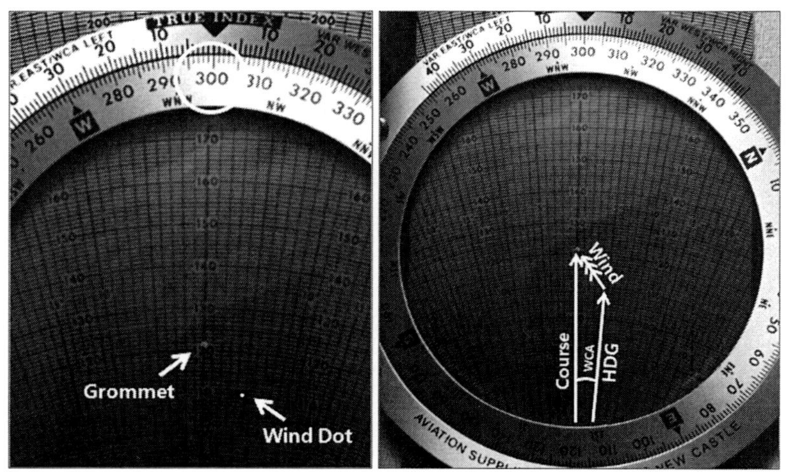

[그림 146] E6-B HDG & GS with VAR

Wind Dot을 표기했으면 다음으로 회전판을 돌려 True Index에
True Course인 300°를 놓는다. 그리고 TAS가 110KTS이므로 Slide를
움직여 Wind Dot이 110의 연장선에 닿도록 한다.

이때, Wind Dot이 오른쪽으로 5° 치우쳐 있으므로 True HDG은
310°(True Course+10°)가 되고, Grommet이 표시하는 '121'은 Ground
Speed가 된다. 문제에서 Variation이 7.5°W라고 미리 주어졌으므로 계
산하면 Magnetic HDG은 317.5°(310°+7.5°)가 된다.

④ Wind 구하는 문제(with Variation)

> ■ 예제
>
> 조건이 다음과 같을 때, True Wind의 방향과 풍속을 구하시오.
>
> - Magnetic Heading = 230°
> - Magnetic Course = 240°
> - TAS = 120KTS
> - GS = 140KTS
> - VAR = 12°E

■ 풀이

위의 예제에서는 Magnetic으로 표시된 값이 많으므로 E6-B상에서 Magnetic 기준으로 문제를 풀어보자.

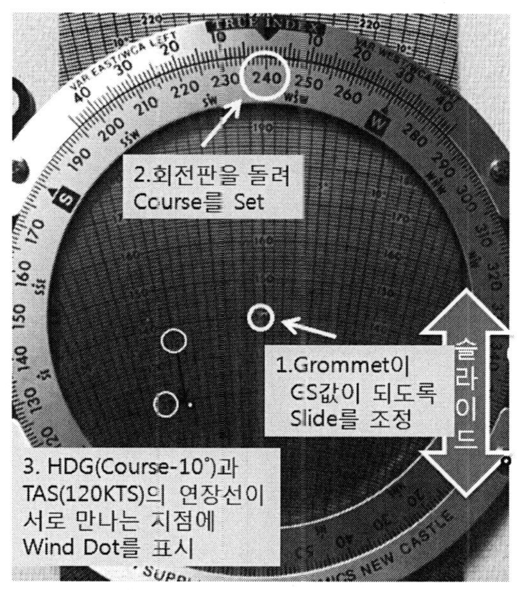

[그림 147] E6-B Wind with VAR

먼저, [그림 147]과 같이 Slide를 움직여 GS(140KTS)에 Grommet에 두

고, Magnetic Course인 240°를 True Index에 맞춘다. 그리고 TAS의 '120KTS' 눈금과 Magnetic HDG(230°)의 '-10°' 눈금이 서로 맞닿는 곳에 연필로 Wind Dot(점)을 표시한다.

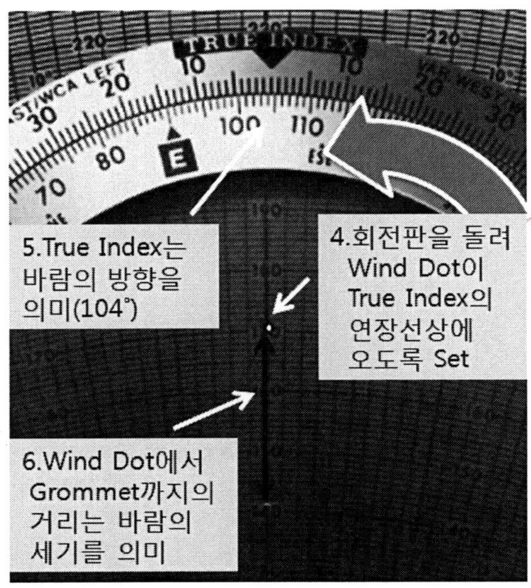

[그림 148] E6-B Wind with VAR

Wind Dot을 표시했으면, 그 점이 E6-B의 중심선상에 오도록 회전판을 돌린다. 이때, True Index가 가리키는 방위(104°)는 Magnetic Wind의 방향을 의미하고, Grommet으로부터 Wind Dot까지의 거리(31KTS)는 Wind의 세기를 나타낸다.

마지막으로 Variation이 12°E이었으므로, 아래 공식에 값을 대입하면 True Wind의 방향은 116°가 나온다.

True Course - East = Magnetic Course + West

■ 풀이

True Wind – 12° = 104°

　　　True Wind = 116°

공식은 외울 필요가 없다. [그림 149]에서 보면 알 수 있듯이, E6-B Wind side 상단에 표기되어 있기 때문이다.

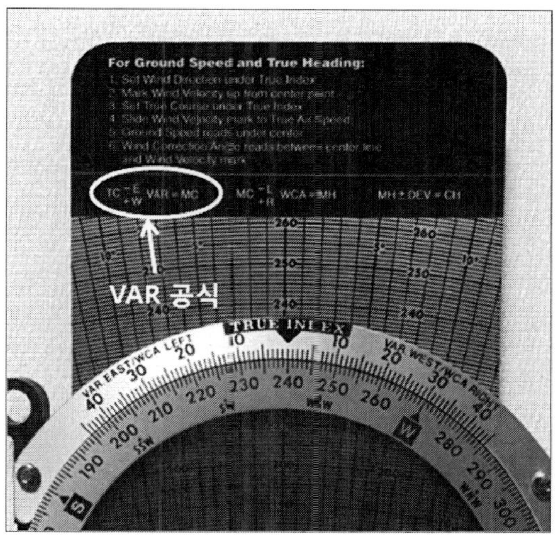

[그림 149] E6-B Wind Side에 표기된 공식

2) Kneeboard

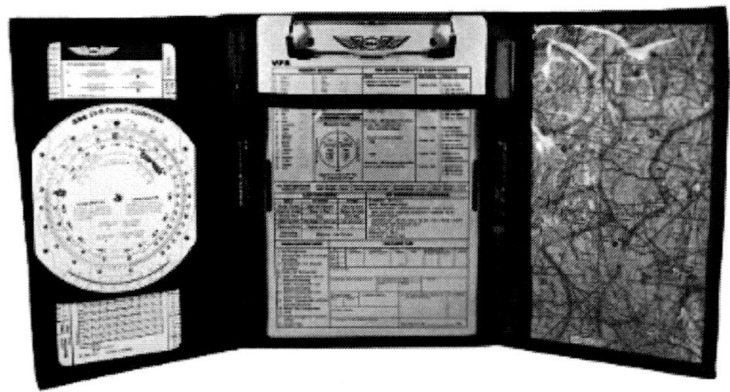

[그림 150] E6-B Kneeboard

조종을 할 때, 니보드를 사용하면 필요한 차트나 장비 등을 클립보드나 홀더 등으로 깔끔하게 정리해서 무릎 위에 놓고 사용할 수 있다. 니보드의 아래쪽에는 벨크로를 이용한 끈이 있어서 무릎에 묶을 수 있게 되어있다.

(1) 메모지

니보드에는 반드시 메모지를 클립보드에 꽂아놓고 중간중간 필요한 내용을 적을 수 있어야 한다. ATC에서 불러주는 사용활주로넘버, Altimeter Setting, SQUAWK Codes 등을 외워서 조종에 사용하면 Human Error에 빠질 수 있기 때문에, 반드시 필기하고 이를 눈으로 확인한 뒤 조종에 적용해야 한다. 훈련 비행 중에는 교육에 필요한 사항이나 실수한 부분 등을 간단히 메모할 수도 있다.

(2) 검정볼펜

메모지에 기록을 하기 위해서는 반드시 볼펜이나 연필을 준비하도록 해야 하는데, 비행 중에 볼펜심이 다하거나 바닥에 떨어뜨릴 위험이 있으므로 반드시 두 개 이상을 니보드에 준비하는 것이 좋다. 그리고 아예 실로 클립보드 등에 묶어두어 볼펜을 떨어뜨려도 쉽게 볼펜을 주울 수 있게 하자. 참고로, 비행 시 공식적인 기록(Navigation Log, Pre-Flight Briefing 등)은 검정색 볼펜으로 하는 것이 원칙이다. 볼펜은 한번 기록하면 쉽게 지울 수 없으므로 추후 문제 발생 시 원인추적을 할 때 기록물을 신뢰할 수 있기 때문이다.

(3) Morse Code

모스 코드는 전부 외우는 것이 원칙이지만, 갑자기 기억나지 않을 경우를 대비해서 모스 코드 프린트를 니보드 한쪽에 붙여놓는 것을 권장한다. 외우기가 힘이 들면 [그림 152]를 참고하여 그림으로 기억해보자.

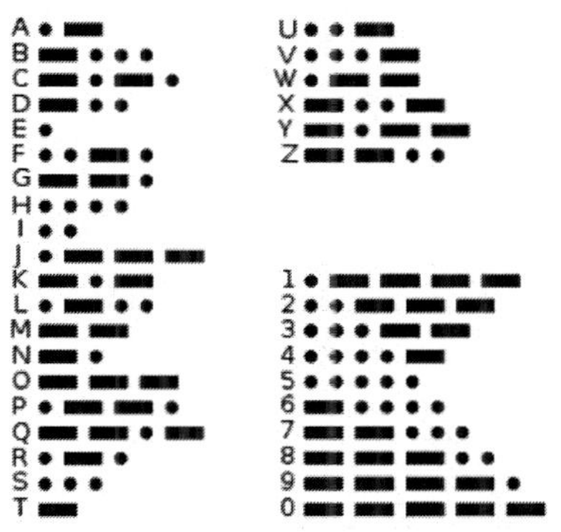

[그림 151] Morse Code

[그림 152] Morse Code 쉽게 외우는 법

(4) 비행에 필요한 정보

이외에도 필요한 각종 Radio Frequency, 출발/도착 공항정보, 각종 차트, 기타 비행훈련에 필요한 내용 등도 니보드에 미리 적어두면 훈련 시 사용하기에 편리한 이점이 있다.

(5) Pre-Flight Brefing 용지(Weing & Balance 포함)

니보드의 주머니에 사용하지 않은 Pre-Flight Brefing 용지(Weing & Balance 포함) 새것을 몇 장 넣어두는 것도 중요하다. 비행 중에 예상하지 못한 악기상이나 NOTAM(주로 군 훈련), 항공기 고장 등으로 비행계획을 바꿔야 할 때가 있기 때문이다.

(6) Paper Bag

항공기 운항에서 Hypoxia(저산소증)만큼 위험한 것이 바로

Hyperventilation(과호흡증)이다. 조종사가 비행 중 흥분하여 호흡 속도(the excessive rate and depth of respiration)가 빨라지면 신체에 이산화탄소(CO_2)가 급격히 감소하여 Hyperventilation에 빠진다. 한번 Hyperventilation 상황이 오면 무기력 또는 무의식상태에 빠져 항공기 조종을 전혀 할 수 없으므로 사전에 증상을 미리 알아차려 대비해야 한다.

Hyperventilation 상황에서 종이봉투(Paper Bag)를 이용하면 효과적으로 대처할 수 있으므로 니보드에 작은 종이봉투(햄버거 가게에서 주는 종이봉투 정도면 적당하다)를 넣어두고 사용하자. Hyperventilation 상황에서 [그림 153]처럼 종이봉투에 입을 대고 입으로만 숨을 쉬면, 체내의 이산화탄소량이 점점 많아져 Hyperventilation에서 쉽게 벗어날 수 있다. 그리고 물론 이 종이봉투는 멀미가 나는 상황에서 구토에 대비할 수도 있다.

[그림 153] Hyperventilation Treatment

Hypoxia(저산소증)은 신체에 산소(O2)가 결핍되어 기능 저하를 초래하는 상황을 뜻한다.

① Hypoxia의 증상

증상	내용
Headache	두통
Decreased Reaction Time	반응속도 저하
Impaired Judgement	판단력 저하
Euphoria	행복감
Visual Impairment	시력 저하
Drowsiness	졸림
Dizzy Sensation	현기증
Tingling in Fingers & Toes	손발이 저림
Numbness	저림 또는 무감각
Blue Fingernails & Lips	손톱, 입술이 파랗게 변함
Limp Muscles	근육운동 저하

② Hypoxia의 고도별 증상

(a) 고도 5,000~12,000ft

5,000ft 이상으로 비행하면 약간의 야간 시력장애(Visual Impairment)가 발생할 수 있지만, 신체 건강한 보통의 조종사라면 12,000ft까지는 심각한 Hypoxia 증상을 보이지 않는다.

(b) 고도 12,000~15,000ft

별도의 산소장치나 여압장치가 갖추어지지 않은 채 12,000ft 이상의 고도로 비행하면, 두뇌의 활동에 영향을 미쳐 판단력(Impaired Judgement), 기억력, 사고력, 반응속도(Decreased Reaction Time), 근육운동능력 등이 저하되면서 두통(Headache), 졸음(Drowsiness), 현기증, 행복감(Euphoria), 호전성 등의 증세가 나타나게 된다.

<u>(c) 고도 15,000ft 이상</u>

시야가 좁아지면서 중앙의 형상만 보이고, 주변은 검게 보이는 Tunnel Vision 현상이 발생한다.

[그림 154] Tunnel Vision을 겪을 때 눈에 보이는 형상

③ Hypoxia의 종류 4가지

<u>(a) Hypoxic Hypoxia</u>

산소(O_2)가 부족하여 발생하는 저산소증이다. 주로 여압장치가 없는 소형 항공기로 높은 고도로 비행할 때, 기압 강하에 의한 산소 부족으로 발생한다. 여압장치가 있는 경우엔 산소장치나 여압장치에 문제가 있을 경우이다.

Hypoxic Hypoxia가 의심되면 Emergency Descent를 신속히 수행해 Cabin에 충분한 산소를 공급할 수 있어야 한다. 실례로 그리스에서 대형여객기의 Door가 제대로 닫히지 않아 여압에 실패해 발생한 Hypoxic Hypoxia가 있었다. 조종사가 Hypoxia 증상을 깨닫지 못하고 Emergency Descent 여부를 판단할 새도 없이 실신해 사고가 일어난 경우이다.

<u>(b) Hypemic Hypoxia</u>

공기 중에 산소가 충분해도 혈액의 헤모글로빈 성분이 이를 받아들이지 못하면 Hypoxia 증상이 있을 수 있는데, 이를 Hypemic Hypoxia라고 한다. Hypemic Hypoxia의 대표적인 예로 일산화탄소(CO) 중독을 들 수 있다.

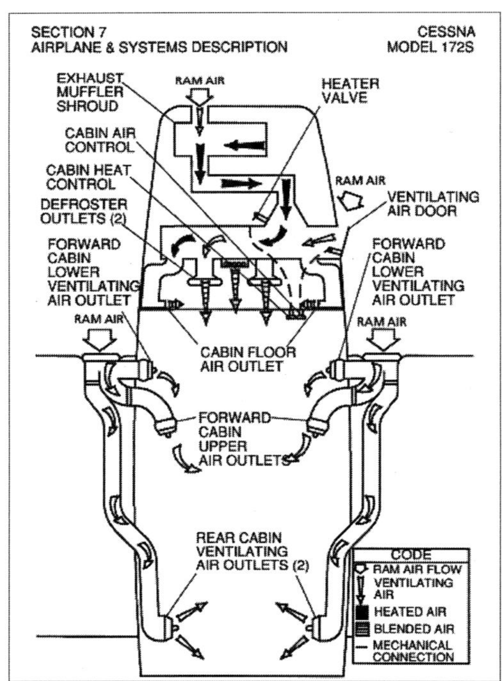

[그림 155] C172S의 Cabin Heating, Ventilating Sysyem

특히, 세스나 같은 소형 항공기에서는 일산화탄소 중독이 추운 겨울 Cabin Heating을 사용하다가 발생한다. 소형 항공기의 겨울철 난방은 [그림 155]에서와 같이 엔진의 열을 이용하게 되는데, 외부 공기의 일부가 엔진 근처를 지나게 하여 가열한 후 Cabin으로 들여와 난방을 하는 원리이다. 이때, 정비 불량으로 엔진부품에 갈라진 틈(Crack) 사이로 배기가스(CO, CO2)가 그대로 섞여 Cabin에 유입되면 일산화탄소 중독이 일어나는 것이다. 이는 겨울철 Heating System에 관한 정비가 중요하게 다루어지는 이유이기도 하다. 따라서

[그림 156] C172S의 Cabin Heat & Cabin Air Control

Cabin Heating을 사용할 때, 고도가 그리 높지 않은데도 Hypoxia가 의심되면 바로 Cabin Heat 스위치를 누르고 둥근 노브를 돌려 밸브를 잠가야 한다.

담배 또한 일산화탄소 중독의 원인이 될 수 있다. 흡연자는 체내의 일산화탄소 흡수량이 비흡연자보다 높기 때문에, 낮은 고도에서도 쉽게 Hypoxia 증상을 보일 수 있다.

(c) Stagnant Hypoxia

공기 중에 산소량이 충분하고 혈액에도 산소가 가득 용해되어 있어도, 혈액순환이 제대로 이루어지지 않으던 Hypoxia 증상이 일어난다.

이러한 대표적인 예로는 세 가지를 들 수 있다. 첫째는 급격한 기동이다. 높은 G(Acceleration of Gravity)로 인해 신체의 혈액이 한쪽으로 쏠려 혈액순환이 되지 않는 것이다. 둘째로는 과도하게 추운 날씨를 들 수 있다. 저온으로 인해 혈액순환속도가 느려지는 것이다. 마지막으로는 심장 문제이다. 심장의 힘이 약하면 혈액순환에 무리가 있기 때문이다.

(d) Histotoxic Hypoxia

알코올과 약물복용도 우리 몸이 산소를 받아들이는 데 영향을 미친다. 일반적으로 30밀리리터의 알코올 소량만으로도 실제 고도보다 2,000ft 더 높게 느껴지는 효과가 발생한다. 「항공법」 제47조 5항에서도 혈중알코올농도가 0.02% 이상이면 처벌받으니 비행 전날 음주를 하는 것은 반드시 피해야 함을 명심하자.

■ 더 공부해보기

- 「Private Pilot(Jeppesen)」, p. 10-13, Hypoxia.
- 「Pilot's Handbook of Aeronautical Knowledge」, p. 16-2.

---

(7) 기압 단위(inHg-mm) 변환표

서로 간에 사용하는 기압 단위가 다를 때도 혼란이 올 수 있다. 따라서 대표적으로 많이 쓰이는 두 단위인 inHg와 hPa의 변환표를 미리 준비해두면 좋다. ATC에서 어떤 단위를 사용할지 모르기 때문이다. 단위가 다르다면 ATC에 요청하여 다른 단위로 다시 물어봐도 좋으나, 이는 소중한 교육시간만 몇 초 더 허비할 뿐이다. 특히, 혼잡한 공항의 경우라면 순조로운 ATC 흐름을 방해할 수도 있다. 따라서 다음의 표를 복사하여 니보드에 한 부 소지하고 있도록 하자.

hPa	inHg	hPa2	inHg3	hPa4	inHg5
900	26.58	950	28.05	1000	29.53
901	26.61	951	28.08	1001	29.56
902	26.64	952	28.11	1002	29.59
903	26.67	953	28.14	1003	29.62
904	26.70	954	28.17	1004	29.65
905	26.72	955	28.20	1005	29.68
906	26.75	956	28.23	1006	29.71
907	26.78	957	28.26	1007	29.74
908	26.81	958	28.29	1008	29.77
909	26.84	959	28.32	1009	29.80
910	26.87	960	28.35	1010	29.83
911	26.90	961	28.38	1011	29.85
912	26.93	962	28.41	1012	29.88
913	26.96	963	28.44	1013	29.91
914	26.99	964	28.47	1014	29.94
915	27.02	965	28.50	1015	29.97
916	27.05	966	28.53	1016	30.00
917	27.08	967	28.56	1017	30.03
918	27.11	968	28.59	1018	30.06
919	27.14	969	28.61	1019	30.09
920	27.17	970	28.64	1020	30.12
921	27.20	971	28.67	1021	30.15
922	27.23	972	28.70	1022	30.18
923	27.26	973	28.73	1023	30.21
924	27.29	974	28.76	1024	30.24

hPa	inHg	hPa2	inHg3	hPa4	inHg5
925	27.32	975	28.79	1025	30.27
926	27.34	976	28.82	1026	30.30
927	27.37	977	28.85	1027	30.33
928	27.40	978	28.88	1028	30.36
929	27.43	979	28.91	1029	30.39
930	27.46	980	28.94	1030	30.42
931	27.49	981	28.97	1031	30.45
932	27.52	982	29.00	1032	30.47
933	27.55	983	29.03	1033	30.50
934	27.58	984	29.06	1034	30.53
935	27.61	985	29.09	1035	30.56
936	27.64	986	29.12	1036	30.59
937	27.67	987	29.15	1037	30.62
938	27.70	988	29.18	1038	30.65
939	27.73	989	29.21	1039	30.68
940	27.76	990	29.23	1040	30.71
941	27.79	991	29.26	1041	30.74
942	27.82	992	29.29	1042	30.77
943	27.85	993	29.32	1043	30.80
944	27.88	994	29.35	1044	30.83
945	27.91	995	29.38	1045	30.86
946	27.94	996	29.41	1046	30.89
947	27.96	997	29.44	1047	30.92
948	27.99	998	29.47	1048	30.95
949	28.02	999	29.50	1049	30.98

<표 30> hPa ↔ inHɡ Pressure Conversion Table

항공기 Altimetter Setting에는 hPa 또는 inHg가 사용된다. 그런데 두 단위 중 어느 것이 좀 더 정밀한 기압측정을 할 수 있을까?

간단하게 이해하기 위해 먼저 표준기압을 생각해보자. 표준기압은 1,013.25hPa 또는 29.92inHg이다. 그리고 공기가 전혀 없는 진공상태는 0hPa 또는 0inHg이다. 각각의 단위로 표준기압을 측정하려면 hPa은 1,013개, inHg는 2,992개의 눈금이 필요하다. 이로 비추어 볼 때 inHg가 hPa보다 약 3배 더 정밀하게 고도값을 나타낼 수 있다고 볼 수 있다.

- 실제 항공기에서의 적용

아날로그 계기에서는 hPa, inHg 중 하나만 이용 가능하다. 따라서 ATC에서 Altimeter Setting 값을 불러줄 때, 사용 불가능한 단위로 알려주면 즉시 요청하여 원하는 단위 값을 얻어야 한다. 하지만 관제량이 많은 공항에서는 이와 같은 요청을 하기가 쉽지 않으므로 단위환산표를 미리 준비해가는 것이 좋다.

최신 Glass Cockpit을 사용하는 항공기에서는 hPa, inHg 어느 값이라도 Altimeter Setting 값을 사용할 수 있도록 설정되어있으며 G1000의 사용법은 다음과 같다.

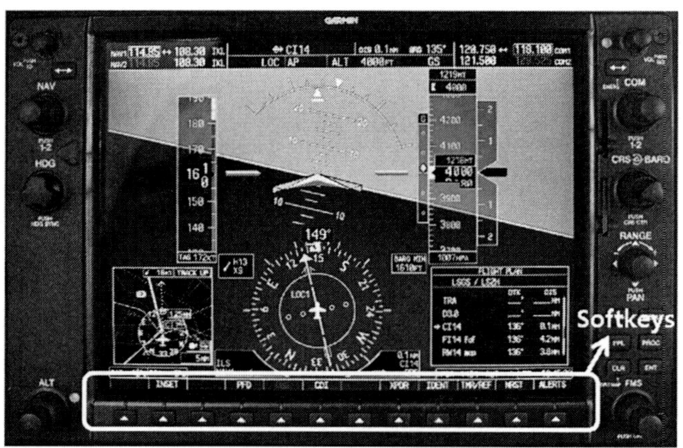

[그림 157] PFD Softkeys

G1000의 PFD(Primary Flight Display)의 아래쪽에는 [그림 157]과 같이 Softkey 가 설치되어 있다. 먼저 'PFD' Softkey를 누른 후, 이어서 나오는 'ALT UNIT' Softkey를 누른다. 그러면 'IN', 'HPA' 두 가지 선택사항이 나와서 단위를 선택하는 것이 가능하다.

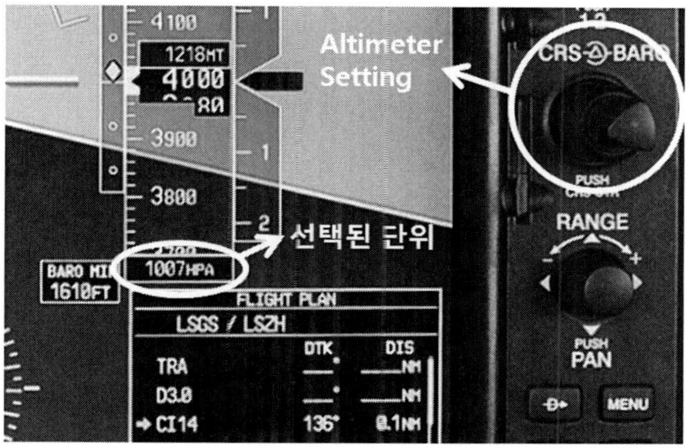

[그림 158] PFD에서 hPa 단위가 선택된 모습

단위선택을 마치면 [그림 158]에 서처럼 PFD의 Altimeter Tape 아랫부분에 Altimeter Setting 값과 선택된 압력 단위를 볼 수 있다. 참고로 Altimeter Setting은 오른쪽의 'BARO' 노브를 돌려서 수정할 수 있다.

■ 더 공부해보기

- 『조종사 교과서 1』, p. 144, Altimeter.

드디어 비행 준비가 끝났습니 다. 실제비행을 하는 자세한 방법은 추후 출판될 『조종사 교과서 3』에서 계속됩니다.

제3부

항공사 면접 및 입사시험 최신기출문제 업데이트

(2018년 기준)

대한항공

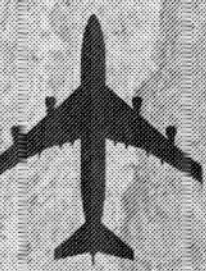

1. 조종사 채용 동향(시력교정 수술)

■ **2016년부터 적용된 변경 사항**

시력교정수술(라식, 라섹, PRK 등)을 받은 조종사도 채용을 시작함

조종사 선발에 있어서 면접은 매우 중요하다. 민간 항공사의 신입 부기장으로서 항공에 대한 지식 정도가 충족되는지 평가하는 자리이기 때문이다. 방대한 지식을 알고 있어야 함은 물론이고, 그 지식을 명확한 의사 표현으로 논리적으로 전개할 수 있어야 한다. 전문지식 외에도 항공사를 대표하는 조종사인 만큼 단정한 자세와 용모가 요구된다. 다음은 실제 기출문제이다.

1. 인구 밀집 지역에서의 장애물 통과고도

- 2,000ft.

2. SQUAWK(Transponder Code)에 관한 다음 4가지 코드값 (『조종사 교과서 1』, p. 245 참고)

- 7700(Emergency)

- 7600(Lost Communication)

- 7500(Hijack)

- 7777(군 요격작전)

3. ATC 등의 특정 속도 요청이 없다고 가정할 시, FL100(10,000ft) 이하에서는 IAS(Indicated Airspeed) 몇 노트 이하로 비행해야 하는가? (FAR 91.117 관련)

- 250kt.

4. 항공기 통행의 우선순위(「항공법 시행규칙」 제178조)

- 다른 항공기를 우측으로 보는 항공기가 진로를 양보해야 한다.

5. 항공기 등화의 위치

- Left Wing(RED)

- Right Wing(GREEN)

- Tail(WHITE)

6. Aircraft Approach Category에 관해 설명하시오. (AIM 5-4-7)

- Maximum Certified Landing Weight에서의 1.3VSO로 다음과 같이 다섯 카테고리로 구분됨.

CATEGORY	App 속도제한
A	< 91 KTS
B	91 ~ 120 KTS
C	121 ~ 140 KTS
D	141 ~ 165 KTS
E	> 165 KTS

7. Airport Elevation(Field Elevation)에 관해 설명하시오.

- 사용활주로의 지점 중 해견 고도(MSL)로 측정된 가장 높은 곳.
- 특정 국가에서는 ARP(Airport Reference Point)[23]의 높이를 의미함.

8. Airport Surveilance Radar(ASR)에 대해 설명하시오. (AIM 4-5-3)

- Terminal Area 내에서 항공기의 위치를 파악하는 데 사용됨. Azimuth(방위각)와 Range Information을 제공하고 Elevation information은 제공하지 않음.

9. Altitude의 종류

- AGL: 지표면에서부터 측정된 고도(QFE Set)
- MSL: 평균해수면으로부터 측정된 고도(QNH Set)

※ 참고: QNE: Altimeter Set을 표준기압인 29.92 inHg으로 맞추는 것

10. GMT 시각이 03:00라면 한국에서의 Local Time은 어떻게 되는가?

11. AOA(Angle of Attack)에 대해 설명해 보시오.

---

23 ARP: Airport Reference Point의 준말로 설정된 공항의 공식적(Official)인 지점.

12. Bank는 일정한데 속도가 증가할 때, Load Factor를 중심으로 어떤 변화가 있는지 설명해 보시오.

13. Ceiling이란 무엇인가?

- (ICAO 기준) 20,000ft 이하에서 구름이 하늘의 절반 이상을 덮고 있을 때, 가장 낮은 구름층의 높이.

- (FAA 기준) 'BKN' 또는 'OVC'로 보고되는 구름의 가장 낮은 층의 고도.

14. DA와 DH(Decision Height)를 구분하여 설명하시오. (FAR 1.1)

- DA(Decision Altitude)는 ICAO 용어로써, 정밀접근을 실시할 때, 특정 고도에서 계속 접근을 할 수 있는 Visual Reference를 얻지 못한다면 Missed App를 수행해야 하는 지점. 고도단위는 MSL을 기준으로 함.

- DH(Decision Height)는 FAA 용어로써, ILS/PAR 계기접근 중 계속해서 접근할지 아니면 Missed App를 수행할지를 결정하여야 하는 지점. 고도단위는 Threshold Elevation을 기준으로 함.

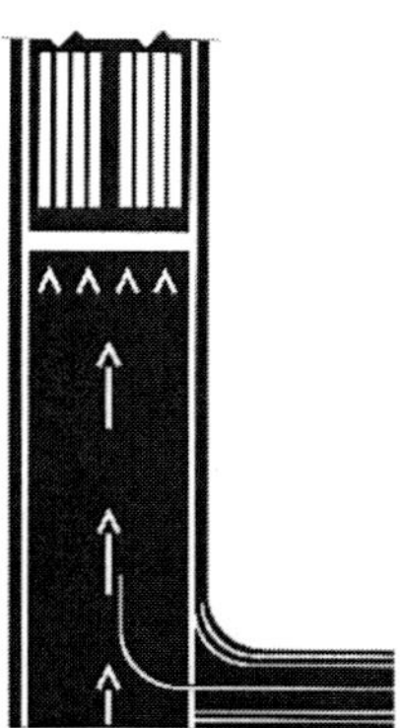

[그림 159] Displaced Threshold Marking

- Jeppesen charts에서는 DA(H)로 표기하되 단위는 msl기준으로 한다.

15. Displaced Threshold

- Runway가 시작되는 곳이 아닌 Runway의 연장 선상에 위치한 Threshold. 아스팔트(Surface)의 강도가 약하게 건설되었기 때문에 Taxiing, 이륙(Takeoff)은 가능하나 착륙(Landing)은 불가능하다.

16. Feeder Route에 대해 설명하시오.

- Enroute Structure에서 IAF(Initial Approach Fix)로 진입하기 위하여 설정된 Inst App Procedure Chart에 그려져 있는 Fix나 Route.

17. FIR(Flight Information Region)에서 제공되는 정보는?

- FIS(Flight Information Service): 효율적이고 안전한 비행을 위해 각종 비행 정보를 제공하고,
- Flight Alerting Service를 통해 Search & Rescue Aid 활동을 제공.

18. MDA/H(Minimum Descent Altitude/Height)란?

- Non-Precision App나 Circling App 시에 Visual reference가 확보되지 않은 채로 내려갈 수 있는 최저 고도.

19. MSA(Minimum Safe Altitude)를 설명하시오.

- Emergency 상황에서 사용되는 고도로 Approach chart상에 표시되어 있다. 기준이 되는 NAVAID를 중심으로 반경 25㎚ 내의 장애물로부터 1,000ft의 Obstruction Clearance를 확보해주며 각 Sector별로 다른 고도가 설정될 수도 있다. 단, NAV signal(VCR 등의 신호)는 보장이 안 된다.

20. QFE, QNE, QNH에 대해 각각 설명하시오.

- QFE: 현지 Local Station(공항 등)의 표고(Field Elevation)에서의 기압치. Q는 Q-Code, FE는 Field Elevation을 의미한다.

- QNE: 전이고도(Transition Altitude) 이상에서 비행할 때 고도계에 세팅하
  는 값으로, 표준기압치인 29.92inHg(1013mb)를 사용한다. 참고로 우리나
  라와 일본은 전이고도가 14,000ft, 미국은 18,000ft이며, 유럽은 3,000에서
  5,000ft 사이이다.

- QNH: 현지 Local Station(공항 등)의 지표(Field Elevation)에서 측정된 기압
  을 해수면(MSL)에서의 기압으로 변환한 수치이다. 보통 훈련기의 Altimeter
  Setting 값은 바로 이 QNH를 사용한다. Q는 Q-Code, NH는 Nautical
  Height를 의미한다.

21. Instrument Approach Segment의 구분은?

- Initial App Segment: IAF(Initial App Fix)와 IF(Intermediate App Fix) 사이.

- Intermediate App Segment: IF와 FAF(Final App FIx) 사이 또는 Reversal
  이나 Race Track, Dead Reckoning Track 등과 FAF 사이.

- Fanal App Segment: FAF부터 시작하여 Landing을 수행하기 위해
  Runwat와 align된 항공기의 하강(Descent)이 수행되는 Segment.

- Missed App Segment: Approach를 계속할 수 없는 경우 복행(Missed
  App)를 수행하여야 하는 단계.

22. SELCAL(Selective Calling Radio System)에 대해 알고 있는가?

- 비행 중 사정이 생겨 회항해야 하거나, 비행계획 등과 관련하여 운항관리사
  와 상의해야 할 때, 조종사와 지상 Station(항공사) 간에 VHF 교신을 할 수
  있는 System.

23. SID(Standard Instrument Departure)란?

- Terminal로부터 Enroute Structure로 전환하기 위해 사전에 설정된 계기
  출항절차.

24. STAR(Standard Terminal Arrival Route)

- IFR Flight를 수행 중인 항공기가 Enroute Structure에서 Terminal의 Outer Fix나 Instrument App Fix, 또는 Arrival waypoint로 진입 전환토록 하는 사전에 계획된 절차.

25. RVR(Runway Visual Range)의 종류는? (AIM 7-1-15)

- Touch Down RVR: 활주로 Touchdown zone에서 측정된 RVR visibility.
- Mid-RVR: 활주로 Midfield에서 측정된 RVR visibility.
- Roll-out RVR: 활주로 Roll-out End에서 측정된 RVR visibility.

26. VOLMET(Volume Meteorological)

- 비행 중인 항공기에 기상정보를 정기적으로 방송해주는 업무를 담당.

27. Isogonic Line(등편각선)과 Agonic Line(무편각선)이란?

- Isogonic Line: Magnetic Variation이 동일한 지점을 연결한 선.
- Agonic Line: Magnetic Variation이 '0'인 지점을 연결한 선.

28. MAYDAY와 PAN의 차이점은 무엇인가?

- MAYDAY: Distress(심각하거나 긴박한 위험) 상황에서 사용됨. 예로는 Fire, Engine Failure, Structural Failure 등이 있음. Emergency 주파수인 121.5 MHz에 "MAYDAY, MAYDAY, MAYDAY." 3회 반복하여 송신한다.

- PAN: Urgency(Distress 정도까진 아니지만 비행 안전에 영향을 받을 수 있는 상태) 상황에서 사용됨. 예로는 Lost(위치파악이 안 됨), fuel endurance(연료 부족), weather(기상악화) 등이 있음. Emergency 주파수인 121.5 MHz에 "PAN, PAN, PAN." 3회 반복하여 송신한다.

29. Speed Adjustment를 ATC에서 발효했을 때 조종사는 속도조작을 어떻게 해야 하
는가? (AIM 4-4-12)

- 주어진 속도를 ±10kt, 또는 0.02 Mach number(마하 속도) 이내를 유지해
야 한다.

30. Touchdown Zone은 어느 부분을 뜻하며 그 길이는 몇ft인가?

- 활주로 Threshold에서부터 3,000ft를 의미.

31. Prevailing Visibility(우시정)이란?

- Horizon(지평선)의 절반(1/2)에 걸쳐 식별할 수 있는 최대거리.

32. Enroute Chart에서 Compulsory Reporting point와 Non-Compulsort
Reporting Point의 표시는 어떻게 다른가?

- Compulsory Reporting point: ▲
- Non-Compulsort Reporting Point: △

33. * 'KIMHAE 128.75'라고 표기되었을 때 *(Asterisk)가 의미하는 바는?

- Part Time Operation임을 의미.

34. CAVOK란 무엇인가?

- Ceiling & Visibility Ok.
- 시정 10㎞ 이상.
- 5,000ft 이하에 구름이 없으며,
- 강수, 뇌우, 안개 등(No Significant Wx)의 기상현상이 없을 때.

35. Turbulence PIREP의 분류

- Light, Moderate, Severe, Extreme.

36. Noise Abatement Departure Procedure(ICAO DOC 8168 VOL I. Appendix)

- NADP 1: 출항 시 활주로로부터 인접한 소음민감지역(Noise Sensitive Areas)의 소음감소를 목적으로 제정.

- 절차:

  ▶ Takeoff
  - Takeoff Thrust
  - Maintain a Climb Speed of V2+10 to 20kts

  ▶ At 800ft AFE(Airport Field Elevation)
  - Reduce to Climb Thrust
  - Maintain a Climb Speed of V2+10 to 20kts
  - NADP-A의 경우 800ft가 아니라 1,500ft까지임

  ▶ At 3,000ft AFE(Airport Field Elevation)
  - Accelerate Smoothly to Enroute Climb Speed and Maintain Positive Rate of Climb
  - Retract Flaps/Slats on Schedule

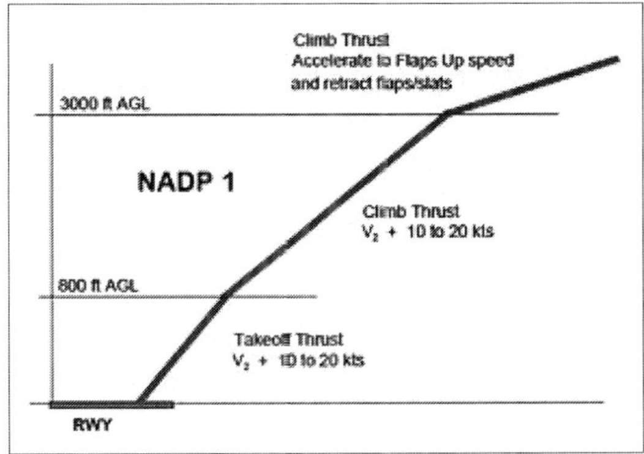

- NADP 2: 활주로로부터 원거리에 위치한 소음민감지역의 소음감소를 목적으로 제정.

- 절차:

▶ Takeoff

• Takeoff Thrust

• Maintain a Climb Speed of V2+10 to 20kts

▶ At 800ft AFE(Airport Field Elevation)

• Accelerate to Vzf+10 to 20kts and Maintain Positive Rate of Climb

* VZF: Minimum Safe Maneuvering Velocity with Zero Flaps

• Retract Flaps/Slats on Schedule

• Reduce to Climb Thrust with the Initiation of the First

• NADP-A의 경우 800ft가 아니라 1,000ft까지임.

▶ At 3,000ft AFE(Airport Field Elevation)

• Transition to normal Enroute Climb Speed

Takeoff Thrust V2+10 to 20kts

Reduce to Climb Thrust

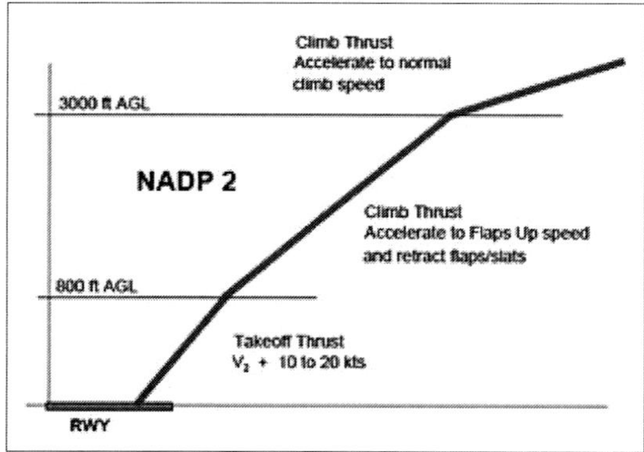

37. Light Gun Signal(빛총신호)에 관한 질문

Signal	지상의 항공기	비행 중인 항공기
Steady green	Cleared to Takeoff	Cleared to Land
Flashing green	Cleared for Taxi	Return for Landing (Approach)
Steady red	Stop	Give way to other aircraft
Flashing red	Taxi clear of the runway in use	Airport unsafe, do not land

38. DME 거리는 정확히 어떤 거리를 의미하는가?

- 항공기와 Station(NAV) 간의 Slanted Range임(활주로 Threshold로부터 항공기 간의 거리가 아님에 유의. Station과 가까울수록, 높은 고도일수록 실제 거리와 DME 간의 차이가 벌어짐).

39. ADF의 Interference 종류

- Twilight: Sunset, Sunrise에 영향받음.
- Terrain: 산악지형에서 영향받음.
- Precipitation: 강수현상에 영향받음.
- Thunderstorm: 번개 발생 시 ADF가 NDB가 아닌 번개의 위치를 가리킴.
- Shoreline: 육지와 바다가 만나는 지점에서 전파가 굴절되어 ADF가 잘못된 방향을 가리킴.

40. 공항/비행장 등화가 주간에 작동되고 있을 떄의 기상상태는?

- 시정 4 statue mile 이하, Ceiling 1,000ft 이하.

41. 활주로에 Lading 한 후에 Runway Centerline Light를 보니 붉은색과 흰색이 번갈아 나타나고 있다가 이윽고 전부 붉은색의 등화만 나타난다. 이때 항공기는 활주로의 어느 지점을 지나고 있는가? (AIM 2-1-5)

- Aternating red & white lights: 활주로 끝 3,000ft~2,000ft 구간.

- All red lights: 활주로 끝 1,000ft~0ft 구간.

42. 1시간의 시차를 내는 경도 차이는?

- 15도.

43. 속도의 종류 5가지를 설명하시오. (『조종사 교과서 1』, p. 137 참고)

- IAS, CAS, EAS, TAS, GS.

44. Vx, Vy에 대해 설명하시오. (『조종사 교과서 1』, p. 141 참고)

45. Altimeter Setting을 올바른 값인 29.92inHg가 아닌 29.82inHg로 잘못 Set했을 때, Altimeter가 가리키는 고도값의 오차는? (『조종사 교과서 1』, p. 146 참고)

- 100ft(1inHg당 1,000ft 오차이므로).

46. Side Step Maneuver(AIM 5-4-19)

- 서로 평행한 두 개의 활주로가 1,200ft 이내에 있을 때, 계기접근을 수행하고 나서 Visual Maneuver를 통해 ATC가 지시한 활주로에 Landing 함.

47. Touchdown Zone Elevation의 높이는 어느 지점을 기준으로 하는가?

- 활주로 Threshold부터 3,000ft 사이의 가장 높은 지점.

 비행교육원 대비 **조종사 교과서 2** - 자가용 조종사 기초 편

3. 신규 조종사 지식평가시험

지식평가시험은 총 100개의 문항으로 이루어져 있으며 130분의 시간이 주어진다. 준비물로는 E6B Flight Computer를 지참해야 한다.

■ **시험의 구성**

「항공법」	15문항
항공기상	20문항
항법	15문항
ATC/계기비행	20문항
젭슨차트	15문항
W/B, Performance	15문항

4. 지식평가시험 기출문제

1) 「항공법」

1. 다음 중 옳은 것은?

① 국내에서 근무하고 있는 외국인 조종사의 경우에는 영어 구술능력증명을 받을 필요가 없다.

② 새로운 형식의 항공기를 신규 도입한 경우 외국인 교관 조종사로서 당해 자격증명 시험에 응시하는 경우 학과시험 및 실기시험 전부를 면제받는다.

③ 일시적인 조종사의 부족을 충원하기 위하여 현재 대한항공에서 근무하고 있는 외국인 조종사의 경우, 자격증명 취득을 위한 학과시험 및 실기시험을 면제받는다.

❹ 두 나라 이상의 영공을 운항하는 항공기의 조종, 관제 및 무선통신 업무에 종사하는 자는 2008년 3월 5일부터 항공영어 구술능력증명 4등급 이상이 있어야 한다.

2. 다음 중 항공종사자의 정의로 올바른 것은?

① 항공업무에 종사하는 자

② 항공기 객실에서 승객 서비스와 비상탈출 진행 등 안전업무를 수행하는 객실승무원

❸ 항공종사자 자격증명을 받은 자

④ 항공종사자 자격증명 소지자 중 현재 항공 업무에 종사하는 자

3. 「항공법」에서 규정하는 항공기의 정의는? (「항공법」 제2조 1호)

① 공기보다 가벼운 기기로 조종에 의해서 비행할 수 있는 것

② 국토해양부령이 정하는 것으르 항공에 사용할 수 있는 기기

❸ 비행기, 비행선, 활공기, 회전익 항공기 그 밖에 대통령령으로 정하는 기기

④ 사람이 탑승하여 항공에 사용할 수 있는 기기

4. 다음 중 비행장이란? (「항공법」 제1조 6호)

❶ 항공기의 이·착륙을 위하여 사용되는 육지 또는 수면

② 항공기가 이·착륙하는 활주로와 유도로

③ 항공기를 계류시킬 수 있는 곳

④ 항공기에 승객을 탑승시킬 수 있는 곳

5. "관제구"란 지표면 또는 수면으로부터 (   )미터 이상 높이의 공역으로서 항공교통의 안전을 위하여 위하여 국토해양부장관이 지정한 공역을 말한다. (   )에 알맞은 것은?
(「항공법」 제2조 20호)

① 150   ❷ 200   ③ 250   ④ 300

6. 항공기가 안전하게 비행할 수 있는 성능이 있다는 증명은? (「항공법」 제15조 1항)

❶ 감항증명   ② 형식증명   ③ 제작증명   ④ 소음기준적합증명

7. 항공기의 종류, 등급, 형식을 옳게 구분한 것은? (「항공법」 제71조 2~3항)

① B747-400, 항공기, 육상다발

❷ 비행기, 육상다발, B747-400

③ 비행기, B747-400, 수상다발

④ B747-400, 비행기, 육상단발

8. 계기비행 및 시계비행을 하는 항공기가 비행 가능하고, 모든 항공기에 분리를 포함한 항공교통관제 업무가 제공되는 공역은? (「항공법」 38조, 「시행규칙」 제116조 2 별표 20)

① A등급 공역   ❷ B등급 공역   ③ C등급 공역   ④ G등급 공역

9. 항공운송사업에 사용되는 터보 제트 항공기가 계기비행으로 교체비행장이 요구될 경우 탑재해야 할 연료량은 교체 비행장 상공(A)에서 (B) 간 체공할 수 있는 연료이다. ( )안에 각각 알맞은 것은? (「항공법」 43조, 「시행규칙」 제136조 별표 23)

① A: 1,000 피트, B: 15분

② A: 1,500 피트, B: 15분

❸ A: 1,500 피트, B: 30분

④ A: 2,000 피트, B: 30분

10. 계기비행 방식으로 비행 시 최저비행고도는? (「항공법 시행규칙」 제171조)

① 산악지역에서는 반경 8㎞ 이내에 위치한 가장 높은 장애물로부터 300m 고도

❷ 산악지역에서는 반경 8㎞ 이내에 위치한 가장 높은 장애물로부터 600m 고도

③ 산악지역 외의 지역에서는 반경 6㎞ 이내에 위치한 가장 높은 장애물로부터 300m의 고도

④ 산악지역 외의 지역에서는 반경 6㎞ 이내에 위치한 가장 높은 장애물로부터 600m의 고도

11. ILS CAT III-a의 DH 및 RVR로 맞는 것은? (「항공법 시행규칙」 제186조 4호)

① DH: 100ft 미만, RVR: 300m 이상 550m 미만

❷ DH: 50ft 미만, RVR: 175m 이상 300m 미만

③ DH: 100ft 미만, RVR: 175m 이상 300m 미만

④ DH: 50ft 미만, RVR: 50m 이상 175m 미만

 비행교육원 대비 **조종사 교과서 2** - 자가용 조종사 기초 편

12. 전이고도 이상의 고도로 비행하는 경우 기압고도계의 수정은? (「항공법 시행규칙」 제 177조 1호)

❶ QNE   ② QFE   ③ QFH   ④ QNH

13. 계기비행기상상태에서 통신 두절 시 착륙은 가능한 접근예정시간과 도착예정시간 중 ( )에 착륙하여야 한다. (「항공법 시행규칙」 제189조의2 4항 6호)

① 더 빠른 시간으로부터 30분 이후

② 더 빠른 시간으로부터 30분 이내

③ 더 늦은 시간으로부터 30분 이후

❹ 더 늦은 시간으로부터 30분 이내

14. Which is not involved in the air service?

① A/C boarding and operating

❷ Pilot training

③ Air traffic service

④ Dispatching and Operating of radio equipment

15. Aircraft of the same category which are converging at the same altitude shall

① Alter course to the left

② Alter course to the right

❸ Give way to the aircraft at its right

④ Give way to the aircraft at its left

2) 항공기상

1. What condition produces the most frequent type of ground-or surface-based temperature inversion?

❶ Terrestrial radiation on a clear, relatively calm night.

② The movement of colder air under warm air or the movement of warm air over cold air.

③ Widespread sinking of air within a thick layer aloft resulting in heating by compression.

2. 다음 중 Microburst에 대한 설명 중 틀린 것을 고르시오?

① 좁은 지역에 집중되는 하강기류(Small scale intense downdraft)

② 약 15분가량 유지됨

❸ cloud base의 5mile 이내, 지표 부근의 10mile 이내의 작은 범위에서 발생하는 강한 하강 기류

④ 지표면에 도달하면 하강기류 중심을 기준으로 전방위로 흩어지면서 영향을 미친다

3. 다음 중 windshear와 관련된 내용이 아닌 것은?

① The rate of change of wind velocity(Direction and/or speed)

② Low level temperature inversion(저고도 기온역전)

❸ Cold Front 전면에서, Warm Front 후면에서 발생 가능성이 높다

④ CAT at high levels associated with jet stream

4. If the ambient temperature is colder than standard at FL 310, what is the relationship between true altitude and pressure altitude?

① They are both the same, 31,000ft.

❷ True altitude is lower than 31,000ft.

③ Pressure altitude is lower than true altitude.

5. 다음 중 비행기가 갑작스러운 정풍의 변화에 의한 windshear를 만났을 때의 변화를 모두 찾으시오.

❶ Airspeed와 고도의 증가

❷ Pitch Up tendency

③ Airspeed와 고도의 감소

④ Pitch down tendency

6. What temperature condition is indicated if precipitation in the form of wet snow occurs during flight?

❶ The temperature is above freezing at flight altitude.

② The temperature is above freezing at higher altitudes.

③ There is an inversion with colder air below.

7. Which INITIAL cockpit indications should a pilot be aware of when a headwind shears to a calm winc?

❶ Indicated airspeed decreases, aircraft pitches down, and altitude decreases.

② Indicated airspeed decreases, aircraft pitches up, and altitude decreases.

③ Indicated airspeed increases, aircraft pitches down, and altitude increases.

8. Which INITIAL cockpit indications should a pilot be aware of when a constant tailwind shears to a calm wind?

❶ Altitude, pitch, and indicated airspeed increase.

② Altitude increases; pitch and indicated airspeed decrease.

③ Altitude, pitch, and indicated airspeed decrease.

(9~10. True or False)

9. Low level windshear는 고고도에서 빠른 비행기의 운항속도와 높은 고도로 인해 더 위험한 상태가 될 수 있다.

　- (F)

10. 화산활동으로 나오게 되는 화산재는 성층권까지 영향을 미칠 수 있다.

　- (T)

11. Maximum downdrafts in a microburst encounter may be as strong as

① 7,000 ft/min.　　② 8,000 ft/min.　　❸ 6,000 ft/min.

12. 화산재로 인해 나타날 수 있는 상황 중 틀린 것은?

❶ 전기로 인한 화재는 발생하지 않는다.

② Wind screen과 랜딩 라이트가 사용 불능 상태가 될 수 있다.

③ 엔진의 compressor stall 등으로 인해 엔진이 손상을 입을 수 있다.

④ 화산재로 인해 고도계 등의 계기가 오작동할 수 있다.

13. Windshear를 만났을 때 가장 먼저 반응하는 계기는?

❶ ASI　　② VSI　　③ Turn coordinator　　④ HDG

14. What is the expected duration of an individual microburst?

① Five minutes with maximum winds lasting approximately 2 to 4 minutes.

❷ Seldom longer than 15 minutes from the time the burst strikes the ground until dissipation.

③ One microburst may continue for as long as an hour.

15. 정시 TAF가 발효된 뒤 기상이 급격하게 변하여 현재 발효된 TAF가 TAF로서의 효력을 발휘하지 못할 때, 앞서 발효된 정시 TAF의 남은 시간 동안 유효한 TAF를 발효할 때 사용하는 TAF의 종류는?

① 정시 TAF　　❷ AMD TAF　　③ Special TAF　　④ Temp TAF

16. 다음 중 high level sig. chart와 low level sig. chart의 차이점이 아닌 것은?

① Freezing level　　② Precipitations　　❸ TB　　④ Jet stream

17. CB에서 발생하는 TB는 약( )㎚까지 영향을 미칠 수 있다.

① 5　　② 15　　③ 20　　❹ 25

METAR RKPC 100000Z 17008KT 4000 -RA BR FEW010 BKN025 OVC110 25/20 Q1004 WS ALL RWY NOSIG

METAR LFPG 100000Z 11005KT CAVOK 14/08 Q1016 NOSIG

<표 31> METAR

18. Paris Charles De Gaulle 국제공항(LFPG)에서 관측된 METAR에 대한 설명으로 옳은 것은? (<표 31> 참고)

① 풍향은 자북(magnetic north) 기준으로 110도, 풍속은 10kt로 관측되었다.

② 기온은 섭씨 8도로 관측되었다.

③ 고도계 설정값은 QNH 1006hPa로 관측되었다.

❹ 시정이 10㎞ 이상이고, 구름이 5,000ft 미만으로 관측되지 않았다.

19. 제주 국제공항(RKPC)에서 관측된 METAR에 대한 설명으로 옳은 것은? (<표 31> 참고)

❶ 10일 0000Z에 발표되었다.

② 풍향은 자북(magnetic north) 기준으로 210도, 풍속은 8kt로 관측되었다.

③ 기상 현상으로 heavy rain과 mist가 관측되었다.

④ 이슬점 온도는 섭씨 25도로 관측되었다.

20. 다음 metar code 중 연결이 잘못된 것은?

① AO2: Precipitation의 종류를 파악 가능한 자동 기기 사용하여 무인관측

② SLP188: Sea level pressure 1,018.8

③ T00191014: 온도 - 영상 1.9도, 이슬점 -영하 1.4도

❹ PRESFR: Pressure rising rapidly

3) 항법

1. Where does the DME indicator have the greatest error between the ground distance and displayed distance to the VORTAC?

① Low altitudes far from the VORTAC.

② Low altitudes close to the VORTAC.

❸ High altitudes close to the VORTAC.

2. What is the minimum number of GPS satellites that are observable by a user anywhere on earth?

❶ 5　　②6　　③7

3. Choose a correct statement about the expression below.

"KoreanAir 000 Behind Landing B737, Line up and wait RWY27L Behind"

❶ It's a conditional clearance

② Controllers under FAA regulations use such expression from time to time.

③ You shall immediately taxi onto the RWY once you get the instruction

④ There is no correct answer.

4. Which "rule-of-thumb" may be used to approximate the rate of descent required for a 3°glidepath?

❶ 5 times ground speed in knots.

② 8 times ground speed in knots.

③ 10 times ground speed in knots.

5. What does the term "RADAR CONTACT" signify?

① Your aircraft has been identified and you will receive separation from all aircraft while in contact with this radar facility

❷ Your aircraft has been identified on the radar display and radar flight-following will be provided until radar identification is terminated.

③ You will be given traffic advisories until advised the service has been terminated or that radar contact has been lost.

6. ADF의 상대방위각(relative bearing)이 2분이 경과하면서 265도에서 260도로 바뀌었다. 만약 ground speed가 145knots라면 기지까지의 거리는 얼마가 되는가?

① 26nm　　② 37nm　　❸ 58nm

7. 아래와 같은 상황이 주어져 있다. 목적지로 향하기 위해 취해져야 할 전체수정각은 얼마인가?

Distance off course	9miles
Distance flown	95miles
Distance to fly	125miles

① 4　　② 6　　❸ 10

8. 다음과 같은 조건에서 비행기가 이륙한다. 상승 중에 소요되는 시간, 나침로 (compass heading), 거리, 연료소비량은 각각 얼마인가?

Airport elevation	1,000ft
Cruise altitude	9,500ft
Rate of climb	500ft/min
Average true airspeed	135kts
True course	215
Average wind velocity	290에서 20kts
Variation	3W
Deviation	–2
Average fuel consumption	13gal/hr

① 14분, 234, 26nm, 3.9gallons

❷ 17분, 224, 26nm, 3.7gallons

③ 17분, 242, 26nm, 3.5gallons

9. 아래에 주어진 값으로 E-6B Computer를 이용하여 바람의 방향과 속도를 구하시오.

True course	105
True heading	085
True airspeed	95Kts
Ground speed	87Kts

❶ 020, 32kts　② 030, 38kts　③ 200, 32kts

FREQ	N.M	KNOTS	MIN
115.0	60.0	180	20.0

[그림 160] NAV1

10. What is the lateral displacement of the aircraft in nautical miles ([그림 160] 참고) from the radial selected on the No. 1 NAV?

① 7.5nm 　② 10.0nm 　❸ 5.0nm

11 On which radial is the aircraft as indicated by the No. 1 NAV? ([그림 160] 참고)

① R-175. 　② R-165. 　❸ R-345.

12. Which OBS selection on the No. 1 NAV would center the CDI and change the ambiguity indication to a TO? ([그림 160] 참고)

❶ 165 　② 175 　③ 345

13. 인가된 공중점검점에서 VOR점검 시 요구되는 장비의 정확도는?

① 4도 　❷ 6도 　③ 10도

(14~15. 아래 RMI 그림을 보고 답하시오.)

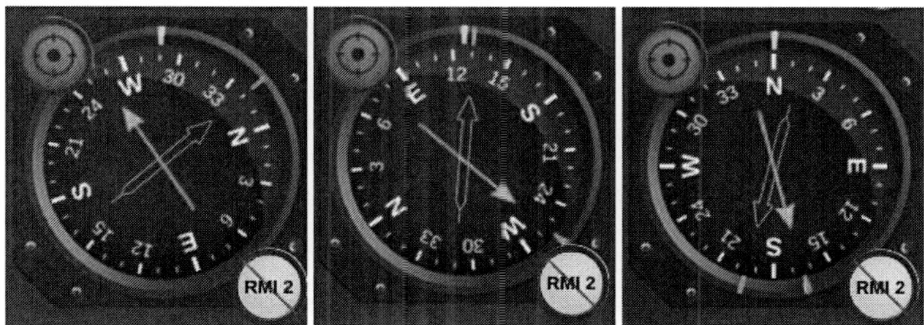

[그림 161] RMI

14. 비행기가 180도 회전을 했을 때 30도의 각도로 VOR1 150래디얼을 intercept 하는 비행기의 위치를 보여주는 계기 는? ([그림 161] 참고)

① 1　　② 2　　❸ 3

15. 어떠한 계기가 비행기가 선택된 VOR로부터 점점 멀어지는 상태를 보여주는가? ([그림 161] 참고)

❶ 3　　② 1,3　　③ 1,2

4) ATC/계기비행

1. 2-Bar VASI에 대한 설명으로 틀린 것은?

① Visual Approach Slope Indicator의 약자로, 시계 접근을 하는 데 사용되며 주로 활주로 좌측에 설치된다.

❷ VASI의 경우 활주로 연장선 좌우 30도 폭, 활주로 끝에서 약 10㎚까지 Obstruction Clearance를 보장한다.

③ 2-Bar VASI의 경우 Above Glidepath는 두 쌍의 흰색 라이트를, Below Glidepath는 두 쌍의 빨간색 라이트를, On Glidepath 시에는 아래 위치한 한 쌍의 라이트는 흰색을, 위의 한 쌍의 라이트는 빨간색을 비추게 된다.

④ 주간에는 약 3-5 miles까지 비치고, 야간에는 약 20 miles 이상 비친다.

2. 강하 고도를 포함한 강하 지시와 함께 "At Pilot's Discretion"이라는 지시를 함께 받았다. 이 "At Pilot's Discretion"에 대한 설명으로 틀린 것은?

① 조종사가 원하는 시점에 강하를 시작할 수 있다.

❷ IFR 상황이므로 강하율은 500 FPM 을 넘어야 한다.

③ 강하 도중에 주어진 고도에 도달하기 전 잠깐 Level off 하는 것도 허용이 된다.

④ 강하 도중 한번 떠난 고도로 다시 돌아갈 수 없다.

3. Class G 공역 안에 위치했으며, Operating Control Tower가 없는 공항에 착륙하고자 접근할 때, 조종사는?

❶ 특별한 지시가 없는 한 모든 선회는 좌측으로 한다.

② 특별한 지시가 없는 한 모든 선회는 우측으로 한다.

③ 800ft AGL에서 Left-Hand Traffic Pattern을 따라 비행한다.

④ 800ft AGL에서 Traffic Pattern에 진입하여 비행한다.

4. 조종사가 익숙하지 않은 공항에서 Taxi를 하던 도중 어떤 유도로로 Taxi 해야 할지 혼동이 일어났다. 이때 조종사가 취해야 할 바람직한 행동이 아닌 것은?

❶ 속도를 줄여 천천히 Taxi 하면서 ATC의 도움을 받는다.

② 더 이상 Taxi를 하지 않고 현 위치에서 멈춘 후 ATC에 Contact 하여 분명하게 현 위치를 파악한 후 계속 Taxi 한다.

③ 이 경우에도 유도로가 교차하는 곳이나 활주로와 같은 곳에서는 정지하지 않는다.

④ 조종사는 Step-by-Step Taxi 지시를 제공받을 수 있는 Progress Taxi Instruction을 요청할 수도 있다.

5. Circling Approach를 수행하는 도중에 조종사가 공항을 더 이상 확인할 수 없어 Missed Approach를 수행하고자 한다. 이때 바람직하지 않은 선택은?

① 가장 먼저 조종사는 활주로 쪽으로 상승 선회를 시작한다.

❷ 상승 선회는 타 항공기가 없는 어느 방향으로 시도해도 된다.

③ 선회는 Missed approach ccurse에 Established 될 때까지 지속한다.

④ Course Established 된 후 Missed approach 절차를 수행한다.

6. "Korean Air 000, Cross 오산 VOR at or above 9,000, descend and maintain 5,000ft."라는 지시를 받았다. 이 지시를 설명한 것 중 틀린 것은?

① 오산 VOR까지Pilot Discretion에 의례 강하한다.

② 오산 VOR을 9,000 이상으로 통과한다.

❸ 오산 VOR 통과 후 강하율은 조종사 임의로 정할 수 있다.

④ 오산 VOR 통과 후 5,000ft까지 강하 후 고도를 유지한다.

[그림 162] HSI

7. You receive this ATC clearance:

> "···CLEARED TO THE ABC VORTAC. HOLD SOUTH ON THE ONE EIGHT ZERO RADIAL···"

What is the recommended procedure to enter the holding pattern? ([그림 162] 참고)

① Teardrop only.　　② Parallel only.　　❸ Direct only.

8. If the middle marker for a Category I ILS approach is inoperative,

① the RVR required to begin the approach is increased by 20%.

❷ the inoperative middle marker has no effect on straight-in minimums.

③ the DA/DH is increased by 50ft.

9. In what way are SIDs depicted in plan view?

① Combined textual and graphic form which are mandatory routes and instructions.

② "Vectors" and "Pilot NAV" for pilots to use at their discretion.

❸ "Vectors" provided for navigational guidance or "Pilot NAV" with courses the pilot is responsible to follow.

10. When does ATC issue a STAR?

① Only upon request of the pilot.

❷ Only when ATC deems it appropriate.

③ Only to high priority flights.

11. What action should a pilot take if within 3 minutes of a clearance limit and further clearance has not been receivec?

① Plan to hold at cruising speed until further clearance is received.

② Assume lost communications and continue as planned.

❸ Start a speed reduction to holding speed in preparation for holding.

12. Which reports are required when operating IFR in radar environment?

❶ Vacating an altitude, unable to climb 500ft/min, time and altitude reaching a holding fix or point to which cleared, a change in average true airspeed exceeding 5 percent or 10 knots, and leaving any assigned holding fix or point.

② Position reports, vacating an altitude, unable to climb 500ft/min, and time and altitude reaching a holding fix or point to which cleared.

③ Position reports, vacating an altitude, unable to climb 500ft/min, time and altitude reaching a holding fix or point to which cleared, and a change in average true airspeed exceeding 5 percent or 10 knots.

13. Which reports are always required when on an IFR approach not in radar contact?

❶ Leaving FAF inbound or outer marker inbound and missed approach.

② Leaving FAF inbound, leaving outer marker inbound or outbound, procedure turn outbound and inbound, and visual contact with the runway.

③ Leaving FAF inbound, leaving outer marker inbound or outbound, and missed approach.

14. During the en-route phase of an IFR flight, the pilot is advised "Radar service terminated." What action is appropriate?

① Set transponder to code 1200

❷ Resume normal position reporting.

③ Activate the IDENT feature of the transponder to re-establish radar contact.

15. ATC로부터(Side-step maneuver에 관련한) 다음과 같은 지시를 받았다. 조종사가 취해야 할 행동으로 가장 적절한 것은?

"Korean Air 000, cleared for ILS Runway 7L approach, side-step to Runway 7R."

① 조종사는 먼저 ILS Runway 7L를 수행하다가, FAF를 통과하면 바로 Runway 7R로 정대한다.

② 조종사는 ILS Runway 7L의 MAP까지 비행 후 Runway 7R에 정대 후 착륙한다.

③ 조종사는 Runway 7L의 VDP(Visual Descent Point)까지 비행 후 Runway 7R에 정대한다.

❹ 조종사는 먼저 ILS Runway 7L를 수행하다가 Runway 7R 또는 해당 활주로 시야참조물이 보이면 가능한 한 빨리 side-step maneuver를 실시하여 Runway 7R에 정대 후 착륙한다.

16. Localizer Coverage 에 대한 설명으로 옳든 것은?

❶ Localizer 안테나로부터 18nm까지는 Localizer course 양쪽으로 각각 10도 범위

② Localizer 안테나로부터 10nm까지는 Localizer course 양쪽으로 각각 18도 범위

③ Localizer 안테나로부터 18nm까지는 Localizer course 양쪽으로 각각 5도 범위

④ Localizer 안테나로부터 10nm까지는 Localizer course 양쪽으로 각각 30도 범위

17. "Hold northeast of 10 DME fix on 030º radial of KIP VOR, 5 miles leg."(항공기는 100 radial 선상에서 10miles 위치) Entry Type, Inbound Course, Outbound Heading, Entry Type을 설명하시오.

① Inbound course 210, outbound heading 030, Entry Type은 Parallel.

❷ Inbound course 210, outbound heading 030, Entry Type은 Tear Drop.

③ Inbound course 030, outbound heading 210, Entry Type은 Tear Drop.

④ Inbound course 030, outbound heading 210, Entry Type은 Parallel.

18. Federal Airway(Victor Airway)에 대한 설명으로 틀린 것은?

① 지상 항행 설비들을 연결해 놓은 Airway를 Federal Airways 또는 Victor Airways라고 하며, VFR 차트에는 파란색 선으로 표시된다.

② Federal Airway는 Class E airspace에 포함된다.

③ 높이는 1,200ft AGL부터 시작해서 18,000MSL 미만까지다.

❹ 폭은 중앙선에서 양쪽으로 각각 5㎚이다.

19. What action(s) should a pilot take if vectored across the final approach course during an IFR approach?

① Turn onto final, and broadcast in the blind that the flight has proceeded on final.

② Continue on the last heading issued until otherwise instructed.

❸ Contact approach control, and advise that the flight is crossing the final approach course.

20. Under what condition should a pilot on IFR advise ATC of minimum fuel status?

❶ If the remaining fuel precludes any undue delay.

② When the fuel supply becomes less than that required for IFR.

③ If the remaining fuel suggests a need for traffic or landing priority.

5) 젭슨차트

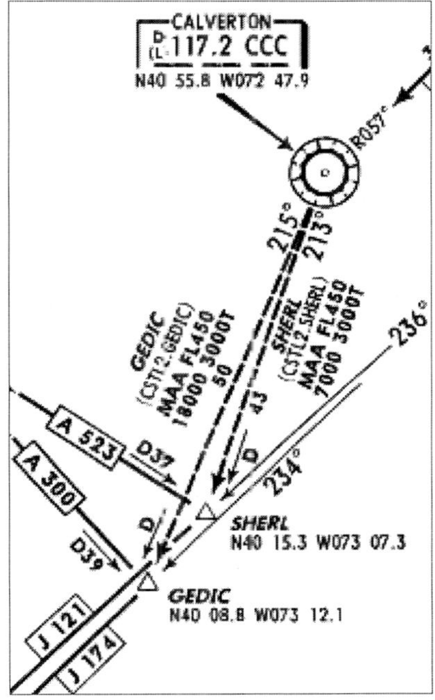

[그림 163] 접손차트

1. Which of the following statements about the GEDIC transition is not true? ([그림 163] 참고)

① It's depicted by a dashed line.

② It's 50 DME long.

❸ It transitions aircraft to the J121airway.

④ The minimum obstacle clearance altitude is 3,000ft.

2. What is the MEA for the SHERL transition. ([그림 163] 참고)

① FL450 ② 3,000ft ❸ 7,000ft ④ 43,000ft

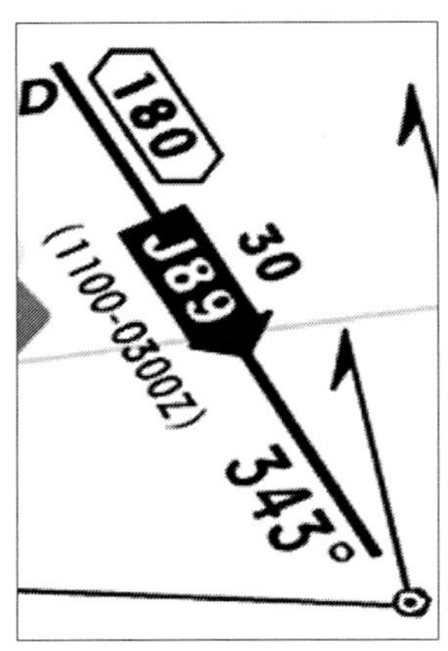

[그림 164] 젭슨차트

3. 다음 그림에서 항로 하단에 표시된 시간이 의미하는 것은 무엇인가? ([그림 164] 참고)

① 그 시간에만 양방향으로 비행할 수 있다.

② 그 시간에만 비행할 수 없다.

❸ 그 시간에만 화살표 방향으로만 비행할 수 있다.

④ 그 시간에만 ATC의 지시에 따라 비행한다.

4. 젭슨차트에서 "Adequate Vis Ref"가 의미하는 것으로 틀린 것은?

① 작동되는 고광도 활주로등(HIRL)

❷ 작동되는 활주로 접지대등(TDZ)

③ 활주로 중앙선 표식(RCLM)

④ 상기 시각보조물을 이용할 수 없는 환경에서, 다른 활주로 표식 또는 활
주로등이 이륙 활주하는 동안 지속적으로 활주로 표면 식별 및 방향을 유
지하기 위해 조종사에게 적절한 시각참조물이 제공될 때

5. MALPA 1W로 SID 절차를 수행하는데 250kts로 상승 시 1646FPM을 유지하도록 Chart에는 되어 있으나 실제로는 2,000FPM으로 계속 비행하다가 3초 정도만 1,400FPM으로 비행했다면?

① 항상 1,646FPM이상을 유지해야 하므로 잘못된 비행이다.

❷ 이륙 시 평균적으로 1,646FPM을 유지하면 되므로 괜찮다.

6. 김포공항 ILS-DME 14R에서 Landing 시에 DA 234ft의 Full, TDZ or CL out, ALS out 중에 Full의 의미는 무엇인가?

❶ All components of ILS are operating.

② All components of the airport operating.

③ All components of the runway operating.

7. Enrouts 상에서 MEA의 의미는?

① 장애물, 양방향통신, 항법시설 3가지 모두 보장받는다.

② 장애물, 양방향통신 2가지만 보장받는다.

❸ 장애물, 항법시설 2가지만 보장받는다.

④ 장애물만 보장받는다.

8. What is a specified route designed for channeling the flow of traffic as necessary for the provision of air traffic service?

① FPR　　❷ ATS　　③ PPR　　④ OTR

9. While being vectored to the final approach course of an IFR approach, when may the pilot descend to published altitudes?

① Anytime the flight is on a published leg of an approach chart.

❷ Only when approach control clears the flight for the approach.

③ When the flight is within the 10-mile ring of a published approach.

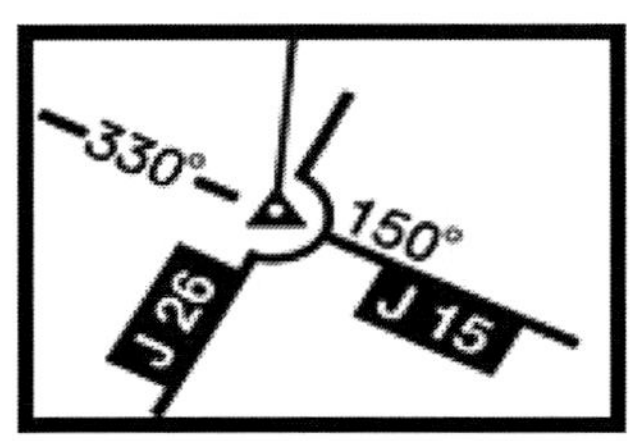
[그림 165] 젭슨차트

10. 항공기가 J26 Airway를 사용하고 있다면 Reporting point에서 해야 할 행위로 가장 맞는 것은 무엇인가? ([그림 165] 참고)

① Compulsory reporting point이므로 지시에 따라야 한다.

② 라인이 Point를 돌아가므로 그 위치를 피해서 항행해야 한다.

❸ Report를 할 필요가 없다.

④ 정답이 없다.

11. MOAs are established to

① prohibit all civil aircraft because of hazardous or secret activities.

❷ separate certain military activities from IFR traffic.

③ restrict civil aircraft during periods of high-density training activities.

12. Where are position reports required on an IFR flight on airways or routes?

① When requested to change altitude or advise of weather conditions.

② Only where specifically requested by ARTCC.

❸ Over all designated compulsory reporting points.

13. What is the primary purpose of a STAR?

① Provide separation between IFR and VFR traffic.

② Decrease traffic congestion at certain airports.

❸ Simplify clearance delivery procedures.

14. Under the stabilized approach concept, what is the maximum acceptable descent rate during the final stages of an approach?

① 1,000' per minute for precision and 1,200' per minute for non-precision.

❷ 1,000' per minute for either precision or non-precision.

③ 1,200' per minute above 1,000' AGL and 500' per minute below 1,000' AGL for all approaches.

15. When cleared to execute a published side-step maneuver, at what point is the pilot expected to commence this maneuver?

❶ As soon as possible after the runway environment is in sight.

② At the MDA published or a circling approach.

③ At the published DH.

6) W/B, Performance

1. 실속에 영향을 주는 요소 중, 무시해도 되는 것은?

① WEIGHT　② LOAD FACTOR　③ POWER　❹ ANGLE OF ATTACK

2. What factors would cause V2 to be limited by Vmca?

① Flaps at high settings.

② With high pressure.

③ With low temperature.

❹ Combination of the above.

3. 항공기 최대이륙중량 적용은 어느 시점을 말하는가?

❶ Brake release　② V1　③ V2　④ Vlof

4. DRY 상태에서 항공기 성능을 산출했다 성능상 PENALTY가 없는 활주로는 무엇인가?

❶ DAMP　② WET　③ 1/4 INCH SLUSH　④ 1/4 INCH DRY SNOW

5. 다음 중 Over Weight 시 발생할 수 있는 상황이 아닌 것은?

① Higher T/O Speed, Longer T/O Run

② Lower Maximum ALT, Shorter Range

❸ Lower Stall Speed(include App & L/D Phase)

④ Longer Landing Roll

6. What happens to the speed for Vx and Vy with increasing altitude?

① Both remain constant

② Vxremains constant and Vy increases

③ Vx increases and Vy remains constant

❹ Vx remains constant and Vy decreases

7. 항공기가 순항 시 연료가 가장 적게 소모되는 순항속도는?

① LRC　❷ MRC　③ CONSTANT SPEED　④ VMO

8. When flying in a headwind, the speed for max range should be:

① slightly decreased.

❷ slightly increased.

③ unchanged.

④ should be increased, or decreased depending on the strength of the
wind.

9. 온도의 용어 중 약어 설명이 틀린 것은?

❶ SAT(STANDARD AIR TEMPERATURE)

② OAT(OUTSIDE AIR TEMPERATURE)

③ TAT(TOTAL AIR TEMPERATURE)

④ RAT(RAM AIR TEMPERATURE)

10. 다음 중 승객 및 화물을 탑재하고 연료만을 탑재하지 않은 상태의 중량은 무엇인가?

① SOW(Standard Operating Weight)

❷ ZFW(Zero Fuel Weight)

③ TIW(Taxi Weight)

④ TOW(Takeoff Weight)

11. When flying an aircraft on the back of the drag curve, maintaining a slower
    speed(but still faster than Vs) would require:

① More flap.

② Less thrust due to less parasite drag.

❸ More thrust.

④ No change.

12. 운송용 항공기에서 W/B의 용어 중 STANDARD OPERATING WEIGHT(DOW OR
    OEW)에 포함되지 않은 ITEM은?

① CREW　　❷ FUEL　　③ SERVICE ITEM　　④ POTABLE WATER

13. Gust, Disturbance 혹은 기동 등의 이유로 항공기가 종적으로 자세의 변화가 발생
    한다. 이때 CG가 어느 부분에 있으면 종적 안정성, 즉 정상적인 자세로 회복되기 어
    려운가?

① CG가 Forward Limit 부근에 있을 때

② CG가 CG Range 중간에 있을 때

❸ CG가 After Limit 부근에 있을 때

④ CG 위치와 종적 안정성은 무관하다.

14. 이론상 만일 수평 비행하는 동안 항공기 속도를 두 배로 증속하면 PARASITE
    DRAG는 어떻게 되는가?

① 두 배로 작아진다　　② 한 배로 작아진다

❸ 두 배로 커진다　　　④ 한 배로 커진다

15. 항공기가 이륙 시 TAIL SKID 방지를 위한 SPEED는 무엇인가?

① VMCG　　　② VLOF　　　③ VMCA　　　❹ VMU

제2장

진에어

1. 조종사 채용 동향(시력교정 수술)

■ 2016년부터 적용된 변경 사항

시력교정수술(라식, 라섹, PRK 등)을 받은 조종사도 채용을 시작함

2. 면접 기출문제

　진에어 조종사 선발에 있어서 면접은 매우 중요하다. 민간 항공사의 신입 부기장으로서 항공에 대한 지식 정도가 충족되는지 평가하는 자리이기 때문이다.

　면접은 크게 일반면접과 Oral Test(항공지식평가면접)로 나뉜다. 일반면접에서는 지원자 6명을 한 그룹으로 하여 30분 동안 자기소개와 일반적인 면접 질문을 약 30분간 진행하게 되고, Oral Test는 지원자 3명을 한 그룹으로 약 1시간 동안 전문지식에 대한 질문을 이어가게 된다. 그리고 면접점수는 문항당 다섯 단계(5-매우 잘함, 4-잘함, 3-보통, 2-못함, 1-매우 못함)로 평가된다.

　항공지식에 관한 면접에서는 어느 항공사나 다 그렇지만 정직만이 최선이다. 본인의 실수에 대해서는 솔직히 인정하고 모르는 부분을 좀 더 연구하는 자세가 필요하다. 자신의 무지를 거짓으로 아는 척 어설프게 숨기려 하면 최악의 결과를 낳게 된다.

1. 자기소개(3분 이내)를 해보시오.

2. 본인의 비행경력에 관한 질문.

3. QNH, QNE, QFE를 서로 비교하여 설명하시오.

- 『조종사 교과서 1』, p. 145 참고.

4. QNH, QNE, QFE 중에 Ground에서 고도계를 0ft로 설정하는 Altimeter Setting 방법은?

- QFE

5. HAT(Height above Touchdown)와 HAA(Height above Airport)을 설명하고 각각 사용하는 경우를 말하시오.

- HAT: DH(Decision Height)의 높이를 의미(Touchdown으로부터의 AGL 높이). Straight-in Approach에서 사용된다.
- HAA: Runway(활주로)의 가장 높은 지점으로 공식적인 Airport Elevation을 의미. 주로 TDZE(Touchdown Zone Elevation)가 주어지지 않는 Circling Approach를 할 때 사용.

6. squawk code 7500, 7600, 7700을 설명하시오.

- 『조종사 교과서 1』, p. 245 참고.

7. MSA(Minimum Safe Altitude)를 설명하시오.

- Emergency 상황에서 사용되는 고도로 Approach chart상에 표시되어 있다. 기준이 되는 NAVAID를 중심으로 반경 25㎚ 내의 장애물로부터 1,000ft의 Obstruction Clearance를 확보해주며 각 Sector별로 다른 고도가 설정될 수도 있다. 단, NAV signal(VOR 등의 신호)는 보장이 안 된다.

8. MORAs(Minimum off Route Altitudes)란 무엇인가?

- 1,000ft의 obstacle clearance(산악지형인 경우엔 2,000ft)를 항로의 10nm 반
경으로 제공.

9. Red Terminating Bar에 대해서 설명하시오. (AIM 2-1-1)

- Approach Light System의 한 종류인 ALSF-1에서 활주로 앞 200ft 지점에
일렬로 놓인 적색 등화.

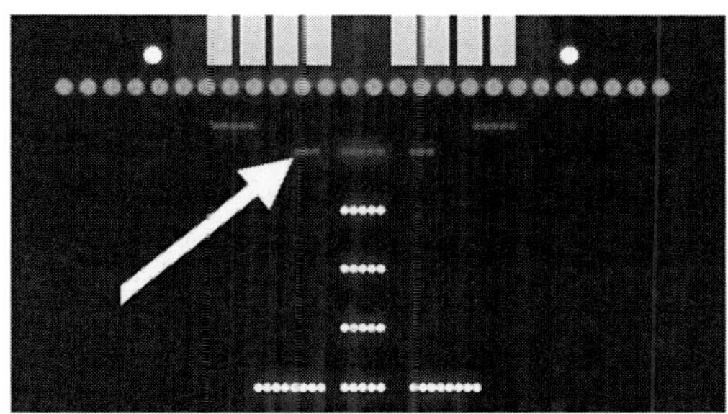

[그림 166] Red Terminating Bar(ALSF-1)

10. Rwy distance remaining sign에 대해 설명하시오.

- 활주로 양옆에 설치된 표지로 검은 바탕에 흰색 숫자가 있다. 1,000ft 단위
로 활주로의 남은 길이를 알려준다(예: 4라고 되어있으면 Landing Runway
Remaining이 4,000ft 남아있다는 의미).

[그림 167] Rwy distance remaining sign

11. ATC로부터 "Expedite Climb" 또는 "Expedite Descent"라는 지시를 받으면 어떻게 해야 하는가?

- 즉시 최대한의 상승률/하강률로 상승/하강 실시.

12. Descent via clearance를 설명하시오.

- STAR(Standard Terminal Arrival)에 publish된 모든 고도제한이나 다른 chart에 있는 속도제한을 따르면서 하강하라는 뜻(To vertically and laterally navigate on a STAR). 한 가지 더 주의해야 할 점은, 'At Pilot's Discretion' 상태라고 하더라도 차트에 표시된 고도제한과 속도제한을 반드시 따라야 한다는 것이다.

13. ATC로부터 "Descend at pilots Discretion"을 지시받았다면 어떻게 하강해야 하는가?

- 조종사가 원하는 시점에 하강을 시작할 수 있으며, 강하율은 조종사가 임으로 선택할 수 있다. 하강 도중에 잠시 Level off(수평비행)을 실시할 수는 있으나, 한번 떠난 고도로 다시 상승할 수 없다.

14. PAPI(Precision Approach Path Indicator)의 위치는 어디에서 확인할 수 있는가?

- approach chart 중 airport information의 ALS part에 있음.

15. 강한 Downdraft, 혹은 Microburst 조우 시 기동 방법은?

- 1. Engine Power↑
- 2. Retract Speed Brake
- 3. Pitch↑
- 4. Retract Flap/Landing gear

16. ATIS(Automatic Terminal Information Service)의 전파수신범위는?

- 반경 최대 60nm, 고도 최대 25,000ft AGL까지 청취 가능.

17. Have Numbers의 의미는(ATIS 정보와 비교해서 설명)?

- Wind, Runway, Altimeter 정브를 알고 있다는 뜻이며, 절대 ATIS의 모든
  정보를 얻었다는 뜻이 아님.

18. Relocated Threshold를 설명하시오. (AIM 2-3-3)

- Construction, Maintenance 등의 사유로 활주로의 Threshold가 임시로
  위치가 뒤로 변경(Relocated)된 것을 의미(활주로의 전체 길이는 당연히 짧아
  진다). 이 부분에서는 Takeoff, Landing이 불가능하며 Taxi만 가능하다.
  Landing만 불가능한 Displaced Threshold와는 차이가 있다.

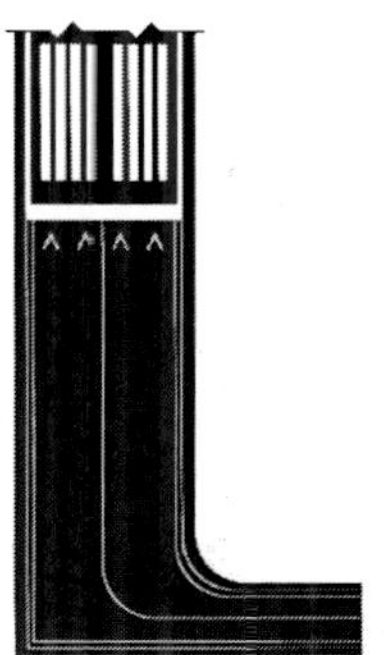

[그림 168] Relocated Threshold

19. ILS Critical Area를 설명하시오.

- ILS가 운영되는 공항에서, Taxi를 하는 항공기나 차량(Vehicle)이 ILS
  Critical Area에 진입할 경우 전파방해를 불러일으켜서 ILS 장비가 제대로
  작동하지 않아 ILS Approach를 수행하던 항공기의 안전에 지장을 줄 수
  있다. 따라서 시정이 2mile 이하, 운고 800ft 이하일 때, 차량 및 항공기는
  이 지역을 진입하거나 그 상공비행을 할 수 없다.

20. Hydroplaning에 대해 설명하시오.

- Contaminated 혹은 Wet/Slush Runway 등에서 활주 속도를 줄이려 Brake를 사용할 때, Tire와 활주로 표면과의 접촉면에서 마찰력이 줄어들어 Brake 효과와 방향 안정성을 상실하게 되는 현상.

21. OAT, SAT, TAT란 무엇인가?

- OAT(Outside Air Temperature): 힝공기의 외부대기 온도를 측정한 값.
- SAT(Static Air Temperature): OAT와 같은 의미.
- TAT(Total Air Temperature): 빠르게 비행하는 항공기는 airflow의 운동에너지와 마찰력 때문에 OAT보다 높은 온도가 측정되는데 이것을 TAT라고 한다.

※ 참고: TAT = SAT + dynamic heating

22. AGTOW를 알고 있는가?

- AGTOW(Allowable Gross Takeoff weight): 최대허용 이륙중량.
- Maximum Takeoff Weight가 설정되어 있다 해도 연료의 급유량은 활주로 상태나 Burn Off Fuel 이외의 목적지 공항에서의 Traffic 혼잡에 따른 Holding 연료, 대체공항으로의 연료 또한 예비연료 등에 따른 연료급유량이 달라진다. 그러므로 사용 최대 이륙중량(AGTOW)은 매 비행 시마다 매번 계산해야 하며 다음 네 가지 조건 중 어느 하나라도 초과해서는 안 되며, 이 중 가장 적은 수치를 AGTOW로 정한다.

※ MTOW(항공기 구조적 강도에 의해 제한되는 이륙중량)
※ MLDW+Burn Off Fuel(착륙 시 MLDW를 초과하지 않기 위한 조건임)
※ MZFW+Take Off Fuel(MZFW를 초과하지 않게 하기 위한 조건임)
※ Runway Limited Takeoff Weight(항공기 Performance상 제한 사항임)

23. VMCA speed란?

- VMCA: Minimum Control Speed in the air.

- 두 개의 엔진이 있는 항공기에서, Critical 엔진이 fail 되고도 Steady Straight Flight가 가능(Directional Control이 가능)한 최저속도. 이때 살아있는 Good Engine의 Power는 Takeoff Power로 세팅되고, Bank는 Good Engine 쪽으로 최대 5도까지 줄 수 있다.

24. VMCG speed란?

- VMCG: Minimum Control Speed on Ground.

- Takeoff를 위해 활주하는 중 Critical Engine이 fail 되었을 때, steering, rudder, aileron 등을 사용하여 좌우 25도 이내에서 방향 조종이 가능한 최저속도.

25. Circling Approach를 하는 이유는?

- 계기접근을 수행할 때 straight-in landing이 불가할 때(활주로 앞에 산악지형이 있어서 반대쪽으로만 계기접근이 가능하다던지. 예:김해공항) 사용됨.

26. Transition Level/Altitude에 대하여 설명하시오.

- 전이고도로써 우리나라와 일본은 14 000ft, 미국은 18,000ft, 유럽은 3,000~5,000ft로 전이고도 이상은 QNE(표준기압 29.92inHg)를 적용하고 그 이하에서는 QNH(현지기압)를 적용하게 된다.

27. Transition Level/Altitude는 구체적으로 어디에서 확인할 수 있는가?

- Jeppesen Chart(SID, STAR, App Charts 등)의 상단 가운데 부분 Briefing Information에서 'Trans leverl' 혹은 'Trans alt'로 표기되어 있다.

28. CAT를 설명하고 어떠한 기상현상에서 발생하는지도 말하시오. (AIM 7-1-25)

- CAT는 Clear Air Turbulence를 뜻하며,
- Upper level troughs and ridges(고고도의 기압골 및 기압마루), Position relative to the Tropopause, Jet streams, Temperature gradients, Mountain waves 근처에서 자주 발생한다.

29. Clearway와 Stopway에 대해 설명하시오. (FAR 1.1 & AIM 2-3-3)

- Clearway: 활주로 끝 연장 선상의 구역으로 공항 당국의 관제하에 있고, TURBINE POWER 비행기에 사용됨. 이 구역은 이륙을 위하여 사용될 수 있다.
- Stopway: Blast pad라고도 하며 노란색 쉐브론(Chevron)표시가 되어있다. 활주로를 지나 연장된 표면 또는 지역인데, 항공기가 Reject Takeoff를 하거나 착륙하던 항공기가 활주로 내에서 정지하지 못한 경우에 사용될 수 있다. Stopway는 활주로나 Taxiway에 비해 강도가 낮기 때문에 예외적인 상황에 사용되는 것이지 정상적인 상황에서는 Takeoff, Landing, Taxi에 사용될 수 없다.

30. Circling Approach를 수행하는 도중에 조종사가 활주로를 더 이상 확인할 수 없어 Missed Approach를 수행하고자 한다. 어떻게 해야 하는가?

- 가장 먼저 조종사는 활주로 쪽으로, 가장 가까운 방향을 택하여 상승 선회를 시작한다. 그리고 Circling Maneuver 전에 수행한 계기접근절차에 연계된 Missed approach course에 Established 되기 위하여 선회, Maneuver를 계속한 후 해당 Missed approach 절차를 수행한다.

31. CAVOK란 무엇인가?

- Ceiling & Visibility Ok.

- 시정 10㎞ 이상.

- 5,000ft 이하에 구름이 없으며,

- 강수, 뇌우, 안개 등(No Significant Wx)의 기상현상이 없을 때.

32. Visual Approach에 대해서 설명하시오.

- Visual Approach는 하나의 IFR 절차로써 IFR 규정 안에서 행해진다. Visual approach를 실시하기 위해 날씨는 운고 1,000ft 이상, 시정 3 SM 이상이어야 한다. 조종사는 Visual approach를 수행하는 동안 Clear of Clouds를 유지하고, 선행 항공기나 공항을 육안으로 계속 확보해야 한다.

33. Wake Turbulence에 대해서 설명하시오.

- 항공기가 양력을 발생하면, 날개 아래에서는 High Pressure가 발생하고 위에서는 Low Pressure가 발생한다. 이 기압 차이는 Wing Tip 부분에서 날개 아래에서 위로 올라와 회전하는 후류를 만들게 된다. 이 후류를 Vortex라고 한다. 바람이 없는 상황에서 Vortex는 활주로 위에서 양쪽으로 약 3 knots 정도의 속도로 좌우로 퍼져나간다. Vortex는 항공기가 Heavy, Slow, Clean일 때 가장 큰 위력을 발휘하고, 특히 Light quartering tailwind(약 45도 배풍) 일 때 Wing tip vortex가 활주로 위에 머물게 되므로 가장 심한 Wake Turbulence가 발생한다.

34. 대형 항공기가 이륙한 직후 이륙하고자 한다. 이때 Wake Turbulence의 위험을 최소화하기 위한 적절한 조치는?

- 선행 대형 항공기가 부양된 지점보다 이전 지점에서 부양될 수 있도록 하고, 선행 항공기의 Flight Path보다 높은 Path를 유지한다.

35. ATIS란 무엇인가? 어떠한 정보들이 포함되어 있는가?

- ATIS(Automatic Terminal Information Service)는 교통량이 많은 공항에서, 녹음된 공항 관련 각종 필수 정보를 VHF 전파로 연속적으로 송신. ATIS 의 목적은 비행에 필수적인 정보의 제공을 자동화함으로써 관제사의 효율 성을 높이고 주파수 혼잡을 덜어주기 위함.
- ATIS 정보는 정보 식별자, 정보가 발표된 표준시, 운고, 시정, 온도, 이슬점, 바람의 방향과 세기, 고도계 정보, 사용 활주로 정보 등을 제공.

36. 활주로에 착륙 후 속도를 줄이고 있다. 남은 활주로의 길이가 3,000ft 지점부터 Runway Centerline Light와 Runway Edge Light의 색이 어떻게 변하는지 설명 하시오.

- Runway Centerline Lights는 정밀 접근이 실시되는 일부 활주로에 악 기 상 상황에서 이루어지는 착륙을 원활히 하고자 하는 목적으로 50ft 간격으 로 설치되어 있음. 활주로가 3,000ft 남은 지점부터 RCL는 White와 Red가 교대로 나타나다가, 마지막 1,000ft 지점부터는 All Red.
- Runway Edge Lights는 활주로의 길이가 2,000ft 남은 지점부터 White에 서 amber로 바뀜.

37. MORA(Minimum off route altitude)에 대해 설명하시오.

- 항로 좌우 10㎚ 이내에서 가장 높은 reference point가 5,000ft 혹은 그 이하인 곳에서는 1,000ft의 clearance를, 5,000ft 이상에서는 2,000ft의 clearance를 보장하는 고도.

38. MEA(Minimum enroute altitude)의 설명

- 항로상에서 항법시설의 신호수신과 장애물 회피를 보장하는 최소고도.
- 항로 좌우(5SM) 이내에서 가장 높은 장애물 고도+1,000ft, 산악지형 +2,000ft를 보장.
- 무선통신 및 NAV signal을 수신할 수 있도록 보장.

39. Taxiway light의 색깔

- Taxiway centerline lights: GREEN.

- Taxiway edge lights: BLUE.

- 고속탈출유도로(활주로에 Landing함과 동시에 최대 60Knots인 빠른 속도로 Taxiway에 바로 진입할 수 있게 곡선으로 난 유도로): Green & Yellow 교대로 설치.

40. Airport chart에 나오는 Airport Elevation, Runway Elevation, Touchdown Zone Elevation을 각각 설명하시오.

- Airport Elevation: 해당 공항의 활주로상의 가장 높은 지점.

- Runway Elevation: 활주로에서 RUNWAY 말단 표도.

- Touchdown Zone Elevation: 활주로의 RUNWAY 말단에서 3,000ft 사이의 구역(Touchdown Zone) 중 가장 높은 지점.

41. Enroute Chart의 종류와 각각의 용도에 대해 설명하시오.

- Hi enroute charts: 계기비행에서 사용.

- Low enroute charts: 시계비행에서 사용.

- HI / low enroute charts: 교통량이 적은 지역에 통합해서 사용하도록 만든 것으로 주로 계기비행에 사용.

- Area charts: Enroute charts를 좀 더 자세히 확대하여 보여주는 차트.

42. Fix, intersection, waypoint에 대해 설명하시오.

- Fix는 총괄적인 의미로 intersection, waypoint, report point 등의 의미를 포괄.

- Intersection은 지상의 시설물에서 거리와 방위각으로 표시되는 지점.

- waypoint는 지상시설물 또는 지역항법장비를 이용해 위도/경도로 표시된 지점.

43. VASI에 대해 설명하고, Glide-path의 높고 낮음을 2-Bar VASI가 어떻게 나타내는 지 답하시오.

- Visual Approach Slope Indicator의 약자로, 시계 접근을 하는 데 사용되는 Visual Glideslope Indicator로 주로 활주로 좌측에 설치.

- VASI의 경우 활주로 연장선 좌우 10도 폭, 활주로 끝에서 약 4㎚까지 Obstruction Clearance를 보장.

- 2-Bar VASI의 경우 Above Glidepath는 두 쌍의 흰색 라이트, Below Glidepath는 두 쌍의 빨간색 라이트, On Glidepath시에는 아래 위치한 한 쌍의 라이트는 흰색, 위의 한 쌍의 라이트는 빨간색.

44. PAPI에 관한 일반적인 사항 및 그것이 제공하는 Glide-path의 정보에 관하여 설명 하시오.

- Precision Approach Path Indicator의 약자로 한 줄의 2개 또는 4개 라이트로 구성된다. PAPI는 통상 활주로 좌측에 설치되고 조종사에게 Glide Path 정보를 제공한다. PAPI는 주간에는 약 5 miles까지 보이며, 야간에는 약 20 miles까지 보인다.

- 4개의 라이트로 구성된 PAPI의 경우 활공각이 3.5 도 이상으로 높은 경우 4개의 라이트가 모두 White, 3.2 도 정도의 약간 높은 활공각인 경우 왼쪽부터 White, White, White, Red, 3도 활공각의 경우 왼쪽부터 White, White, Red, Red, 2.8 도 정도로 약간 낮은 경우 왼쪽부터 White, Red, Red, Red. 마지막으로 활공각이 2.5 도 이하인 경우 All Red.

45. NOTAM에 대해 설명하시오.

- NOTAM(NOTICE TO AIRMEN)이란 적절한 시간에 제공되어야 하는 항공 정보로 일시적인 성격을 가지고 있거나 항공 차트나 기타 발행물 등을 통해 사전에 충분히 알려지지 않은 항공 정보를 조종사에게 신속히 제공.

- NOTAM 정보는 비행과 관련한 조종사의 결정에 영향을 주는 항공 정보로 다음과 같은 사항을 포함. 공항 또는 특정 활주로 폐쇄, 지상 항법시설관련 정보, ILS 정보, 레이다 서비스 정보, 그 외 비행에 필수적인 정보 등.

46. Instrument Departure Procedure(DP or SID)에 관해 설명하고, 요구되는 상승률에 대해 설명하시오.

- DP는 공항에서부터 Enroute까지 항공기를 안전하고 신속하게 비행할 수 있도록 하기 위해 만들어진 절차.
- DP의 주된 목적은 IMC 상황에 있는 출발 항공기에게 충분한 Obstacle Clearance의 제공.
- 또한, DP는 바쁜 공항에서 조종사와 ATC 간의 통신을 최소화하고 출발 지연을 감소시킴으로써 신속하고 효율적인 항공기 출발을 가능케 함.

47. SID를 수행 도중 ATC로부터 다음과 같은 지시를 받은 경우 조종사는 어떻게 상승해야 하는가? 이 경우 SID에 명기된 고도 Restriction은 어떻게 되는가?

> "KE 000, Climb and Maintain FL 150"

- 조종사는 바로 FL 150으로 상승하면 되고, 이 경우 FL 150까지 상승하는 도중에 있는 SID 고도 제한들은 모두 취소가 된다.

48. 비행 중 RADIO 고장 시에 관제탑의 송신 또는 등화 신호에 응답하는 요령은?

- 주간: ROCKING THE WING(Bank를 좌우로 흔들기)
- 야간: Landing light나 Navigation light를 점멸(blinking)

49. Speed Adjustment를 ATC에서 발효했을 때 조종사는 속도조작을 어떻게 해야 하는가? (AIM 4-4-12)

- 주어진 속도를 ±10kt, 또는 0.02 Mach number(마하 속도) 이내를 유지해야 한다.

50. Position Reporting Items(AIM 5-3-2)는 무엇이 있는지 순서대로 말해보시오.

- 항공기 식별부호(Identification).

- 위치(Position).

- 시간(Time).

- 고도(Altitude).

- 바로 다음 보고 지점의 명칭(Next Reporting Point) 및 도착예정시간(ETA).

- 예: "Korean Air000, Sidney, 15, 9000, Akron 35, Thruman next."

51. RADAR contact 상태에서 ATC의 요청 없어도 항상 보고해야 할 경우(AIM5-3-3)

- 고도 변경 시.

- 상승률/하강률이 500fpm 이상이 되지 못할 때.

- Missed Appproach 수행 시.

- 비행계획서에 제출한 속도보다 TAS(진대기속도)가 5% or 10kt 이상 변화할 때.

- Holding Fix나 Clearance Limit에 도착했을 때의 시간과 고도.

- 지정받은 holding Fix나 Clearance Limit을 떠날 때의 시간과 고도.

3. 영어구술평가

- 자기소개를 해보시오.

- 지원동기에 대해 말해보시오.

- 듣기평가는 어땠는가?

- 영어공부는 어떻게 했는지?

- 기장이 arrogant한 사람이면 어떻게 할 건지?

- 고집 센 기장이랑 비행하게 되면 어떻게 할 것인가?

- 승객이 폭발물을 신고했다. 어떻게 할 것인가?

- 조종사 인생에서 가장 힘들었던 순간은?

- 휴먼 에러와 미스 커뮤니케이션 관련한 사고/준사고가 많다. 이에 대처하기 위해 어떻게 해야 하느냐?

- 휴먼 에러를 줄이기 위한 노력으로 어떠한 것이 있는가?

- 왜 진에어에 지원했는가?

- 진에어 유니폼에 대해 어떻게 생각하는가?

- 아이싱이 어디에 생기는가? 아이싱이란 무엇인가?

- 조종사가 되어야겠다고 생각한 동기는?

- 미국에서 비행했던 비행기 리미테이션에 대해 말해보시오.

- 비행해봤던 비행기의 제원에 대해 말해보시오.

- 조종했던 기종의 장단점은?

- 이륙 도중 새와 충돌(Bird Strike)했다. 어떻게 할 것인가?

- V1 전에 기장이 안전벨트를 하지 않은 것을 확인했다. 어떻게 대처할 것이
  냐?
- 왜 조종사가 되고 싶나?
- 피로 해결은 어떻게 하는가?
- 조종하고 싶은 비행기 기종은 무엇이고 그 이유는?
- 국내/국외 비행 중 선호하는 비행은?
- 최신 비행기와 옛날 비행기의 장단점은?
- 좋은 조종사와 나쁜 조종사를 구분 짓는 요소는 무엇이라고 생각하는가?
- 조종사로서 가장 중요한 덕목은?
- 좋은 파일럿이 되려면 뭐가 중요한지?
- 기내방송을 한 번 해보시오.
- 비행하면서 내렸던 가장 어려운 결정은 무엇이었나?

4. SIM(시뮬레이터) 평가

진에어 SIM 평가는 매우 중요하게 다뤄진다. 항공지식은 부족하면 입사 후에 공부하여 채워 넣을 수 있지만, 조종 실기는 입사 후에 실력향상이 된다는 보장이 없다. 따라서 필기시험, 항공지식면접에서 좋지 않은 결과를 얻은 지원자라도 SIM 평가에서 좋은 모습을 보여주면 종종 채용에 합격하기도 한다.

1) 기본 정보

진에어 SIM 평가기관: 한국항공대학교(본교)
Simulator Type: C172S(Garmin G1000 Glass Cockpit)
평가관: 진에어 기장

SIM 평가는 경기도 고양시 경의선 화전역에 위치한 한국항공대학교 비행교육원에서 이루어진다. 항공기는 C172S(세스나) 항공기로 이루어져 있으니 사전에 항공기 제원, Performance 등을 준비하는 것이 좋다. 또한, Garmin G1000(Glass Cockpit)도 탑저되어 있으니 해당 기기에 익숙해진 후에 입사 지원을 하는 것을 추천한다.

평가는 개인당 약 45분간 진행되며, G1000는 MFD(Multi-Function

Display: 오른쪽 화면)는 끈 상태에서 진행한다(PFD: Primary Flight Display만 커놓고 평가 실시). 점수는 평가항목당 다섯 단계(5-매우 잘함, 4-잘함, 3-보통, 2,-못함, 1-매우 못함)로 평가된다.

Simulator 특성상 실제 항공기보다 Yoke가 매우 민감하다는 게 지원자들의 공통된 의견이다. 이러한 기기 특성을 염두에 두고 준비를 해야한다.

SIM 평가의 핵심은 ILS Apporach이다. 다른 부분은 못하더라도 ILS에서만큼은 최고등급의 점수를 맞아야 입사가 가능하다. 보통 김해공항(RKSS)의 'ILS Y or LOC Y Rwy 14L' App chart를 중심으로 평가를 진행하니, 해당 Jeppesen chart를 준비하는 것을 권장한다.

2) CHECK PROFILE

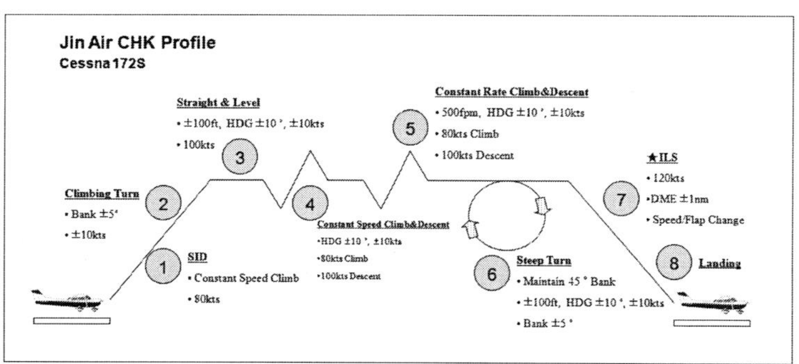

[그림 169] Jin Air CHK Profile

진에어의 SIM 평가의 순서는 다음과 같다.

① Departure(SID)

- SID(Standard Instrument Departure)를 수행하면서, 동시에 Constant Speed Climb(80kts)를 평가한다. Pitch를 조절해 속도가 정확히 80kts가 될 수 있도록 주의한다(2kts 이상 틀어지면 안 됨).

② Climbing Turn - Full Power, Pitch 8°

- Climbing Turn을 수행하되, 80kts의 속도와 15°의 Bank를 일정히 유지할 수 있어야 한다. PTS가 Bank ±5°, 속도 ±10kts일지라도 Bank는 1° 이내, 속도는 2kts 이내로 유지해야 좋은 평가를 받는다(PTS 폭이 넓다고 하여 오차가 벌어지게 되면 낮은 점수를 받는다).

③ Level off(Straight and Level Flight) - 5,000ft/100kts, Ptich 2.5°, Power 2,350rpm

- 빠른 Instrument Cross Check를 통해 HDG, 고도, 속도를 정확히 유지한다. PTS는 HDG ±10°, 고도 ±100ft, 속도 ±10kts이지만, 더욱 정밀하게 조종하여 HDG ±1°, 고도 ±20ft, 속도 ±2kts 이내를 맞춰야 한다. 1°, 20ft, 1kt만 틀어져도 수정하도록 노력하자.
- 『조종사 교과서 1』, p. 289 참고.

④ Constant Speed Climb/Descent

- Climb: 80kts, Pitch 8°
- Descent: 100kts, Pitch 0°
- PTS는 HDG ±10°, 속도 ±10kts이지만 HDG ±1°, 속도 ±2kts를 유지해야 한다.

- 『조종사 교과서 1』, p. 288 참고.

⑤ Constant Rate of Climb/Descent - 500fpm

- 500fpm과 일정 속도를 맞출 수 있는 정확한 Pitch와 Power 조작이
  요구된다.

⑥ Steep turn - Bank 45°/100kts

- PTS는 고도 ±100ft, Roll out HDG ±10°, 속도 ±10kts, Bank ±5°이
  지만 고도 ±20ft, Roll out HDG ±3° 속도 ±3kts, Bank ±2° 이상
  틀어지지 않도록 해야 한다.
- Bank를 줄 때 급격하게 하려고 하지 말고, Shallow Turn(15°)을 시
  작하여 Medium Turn(30°)으로 그리고 마지막으로 Steep Turn(45°)
  을 천천히 완성한다고 생각하며, 여유 있게 Bank를 천천히 주면 실
  수하지 않는다.
- Steep Turn의 Pitch는 4°가 적당하다.
- Steep Turn을 수행하면서 C172S는 Power를 50~100rpm 정도 증가
  시켜야 원활한 Steep Turn이 가능하다.
- 속도는 power로 조절하고, 고도는 pitchfh 조절한다.
- Roll out은 원하는 HDG이 오기 약 20° 전부터 천천히 Roll out을 시
  작하면 HDG을 정확히 맞출 수 있다.
- Roll out을 하며 Bank를 풀어주면서 Power는 50~100rpm 정도 감
  소시키고, Pitch가 들리는 현상을 막기 위해 Yoke를 앞쪽으로 살짝
  밀어주는 것을 잊지 않아야 한다.
- 『조종사 교과서 1』, p. 295 참고.

⑦ ★ ILS Approach(※ 가장 중요하다. SIM 평가를 하는 궁극적인 목표가
　바로 이 부분이다)

- ILS Approach는 진에어 SIM 평가 항목에서 가장 중요한 부분이다.
다른 항목을 잘 못했다고 하더라도 ILS App만 완벽히 수행해도 합
격할 수 있다. 그만큼 중요한 항목이니 철저히 준비해서 평가에 대비
해야 한다.
- 바람은 보통 임의의 방향으로 10kts가량이 주어진다. 하지만 PFD에
Magenta(HDG Indicator에 바람의 영향에 따른 항공기의 실제 진행 방향을 나
타내는 보라색 표시)가 나타나므로, 바람의 영향으로 인한 HDG 계산을
할 필요는 없다. HDG은 그냥 Magenta를 이용하여 진행하면 된다.
- NAV1, NAV2 Set은 다음과 같이 미리 준비해두도록 한다.

NAV1: SEL 115.50 ↔ ISEL 109.90
NAV2: KIP 113.60 ↔ SEL 115.50

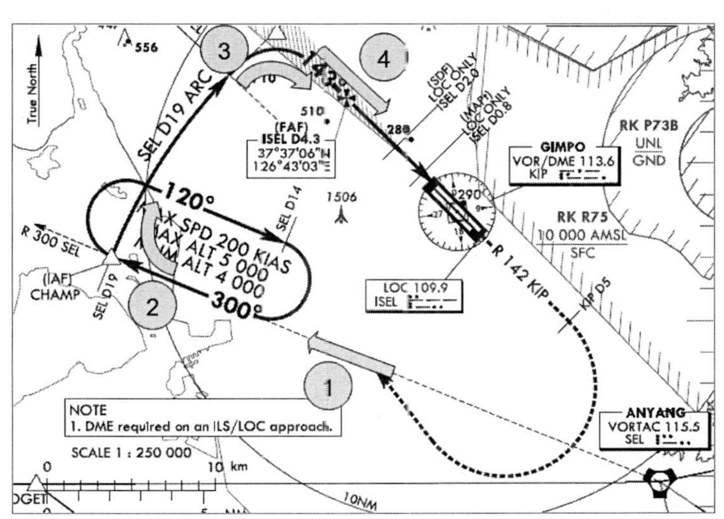

- ILS Y Rwy 14L SIM 평가 절차 세부설명

❶ 고도 5,000ft에서 100kts 속도로 Outbound from SEL(Anyang VORTAC 진행. NAV1의 Course Index에 300°를 세팅하고 Outbound(『조종사 교과서 1』, p. 182 참고) 진행하여 CHAMP(IAF)로 접근한다.

❷ LEAD POINT를 잡아 CHAMP에 도착하기 0.7nm(DME) 이전에 Turn 시작하여 자연스럽게 ARC로 진입(19 DME ARC).

> ■ 참고 - C172S 항공기 속도별 LEAD POINT for 90° Turns
> - 80kts: 0.5 DME
> - 90kts: 0.6 DME
> - 100kts: 0,7 DME
> - 110kts: 0.8 DME
> - 120kts: 0.9 DME

Turn 시작하면서 Descent를 시작(이때, 120kts 500fpm 지시받음)

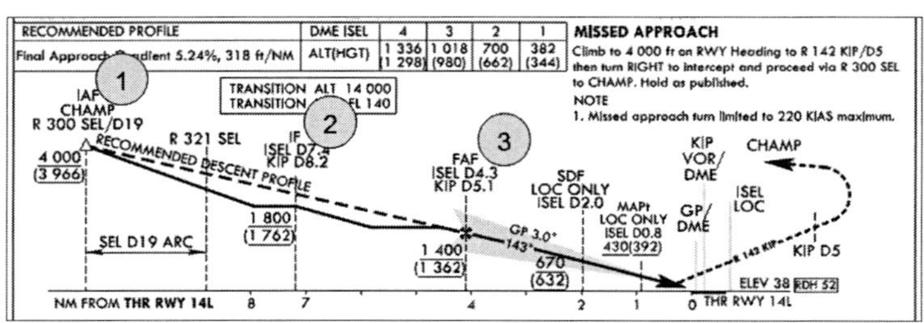

하강하면서 각 segment별로 고도제한에 주의(IF 1,800ft, FAF 1,400ft). 단계마다 고도제한에 다다르면 Level off 하기(Level off 시 속도를 100kt로 지시함)

fpm에 별다른 지시가 없으면 GS/2 × 10으로 fpm을 맞추어 3° Approach를 실시하기

❸ ARC를 계속 진행하다가 LEAD 각도 3°~5° 정도를 여유로 두고 325°Radial(SEL)부터 천천히 Turn 시작(ARC가 생각보다 짧으니 단시간 내에 Turn을 준비한다)

❹ Turn을 완료하면 Level off를 지시받고 Localizer를 타면서 수평 비행을 한다. 그렇게 고도를 유지하다가 GS(Glide Slope)를 물고 하강하여 접근하면 된다. GS와 LOC를 동시에 물어야 하는데 PTS처럼 1dot 이내에만 들면 된다는 안일한 생각을 하면 절대 안 된다. GS와 LOC가 중심에서 조금도 변하지 않도록 심혈을 기울여서 1°라도 틀리지 않도록 유지해야 한다.

★ **GS와 LOC를 유지시키는 와중에 속도변화, Flap 변화(10°) FPM변화를 자꾸 지시받으므로 Pitch와 Power 조절에 주의를 기울여야 한다. 주로 과정에서 지시된 바를 제대로 수행하느냐에 따라 합격과 불합격이 나뉜다.** GS, LOC를 물면서 속도/Flap을 자유자재로 바꿔나가려면 Pitch와 Power를 생각할 겨를도 없이 거의 동물적인 감각으로 조종해나가야 하기 때문이다. 평가관은 조종사가 생각할 겨를을 주지 않으려고 계속해서 변화를 지시하는데, 이때 Pitch를 제대로 가지고 놀 줄 아는 가를 중점적으로 평가하게 된다.

주로 지시받는 속도와 Flap 설정들: 120kts, 110kts-Flap10°, 70kts-Flap10°(이외에도 그때그때 다양한 지시가 떨어지니 여러 가지 속도와 Flap 조합에 맞는 Pitch와 Power control을 미리 숙지하고 가야 한다)

다음 표에 C172S의 Performance 수치가 있으니 C172S에 익숙하지 않은 조종사들은 다음의 DATA를 숙지하도록 하자.

■ 참고 - C172S 항공기 Performance(SIM에 기설정된 온도/대기압력/습도 등에 따라 수치가 달라질 수 있음)

- Climb
   75kts - pitch 11°- Full Power
   80kts - pitch 8°- Full Power
   95kts - pitch 5°- Full Power

- Straight & Level
   115kts - pitch 0°- 2,660rpm
   112kts - pitch 1°- 2,600rpm
   108kts - pitch 1°- 2,500rpm
   103kts - pitch 2°- 2,400rpm
   100kts - pitch 2°- 2,350rpm
   98kts - pitch 2.5°- 2,300rpm
   94kts - pitch 2.5°- 2,200rpm
   90kts - pitch 2.5°- 2,150rpm

- Descent
   120kts - pitch -2°- 2,200rpm → -650fpm
   103kts - pitch 0°- 2,300rpm → -350fpm
   101kts - pitch 0°- 2,200rpm → -400fpm
   105kts - pitch -2.5°- 2,200rpm → -800fpm
   100kts - pitch -1°- 2,200rpm → -500fpm
   95kts - pitch -1°- 1,900rpm → -600fpm

위의 DATA는 SIM에 어떤 온도/습도가 설정될지 알 수 없기 때문에 비교적 부정확할 수 있다. 좀 더 정확한 방법을 원한다면 다음과 같이 공군에서 이용되는 Rule of Thumb를 이용할 수 있다.

■ 특정 속도에서 정확한 강하율(fpm)을 위한 Pitch & Power 세팅

1. Straight & Level Pitch 구하기
   - 먼저 Straight & Level Flight시의 Pitch가 몇 도인지 알고 있어야 한다.
   - Ex) 100kts일 때 Pitch 2.5°, 2,350rpm이라고 가정

2. Pitch 구하는 공식
   - Straight & Level Pitch에서 Pitch를 1°씩 내릴 때마다 fpm은 다음과 같이 늘어난다.
       60kts - 100fpm
       70kts - 120fpm
       80kts - 135fpm
       90kts - 150fpm
       100kts - 160fpm
       110kts - 180fpm
       120kts - 200fpm
   - Ex) 100kts로 하강할 때, 320fpm으로 강하율을 맞추고 싶다면, 320=160×2이
     므로 Straight & Level Pitch 2.5°에서 2°를 뺀 0.5°로 Pitch를 내려준다.

3. Power 세팅
   - 정확한 Pitch 값으로 고정시켰다면 Engine Power를 fpm에 맞게 줄여줘야 한다.
   - C172S 항공기의 경우 Pitch 1°당 80rpm 정도씩 줄여주면 적당하다.
   - Ex) Pitch를 2° 내렸으므로 Power는 약 160rpm 정도 감소시켜줌

⑧ Landing

ILS 계기접근에서 DA(H)에 도달하여 Visual로 전환하여 Landing을 할 때는 Aiming을 Aiming Point Marking(활주로 위에 있는 커다란 하얀색 표시)가 아닌 PAPI(Precision Approach Path Indicator)의 활주로상의 연장선에 Aiming을 하는 것이 원칙이다. Aiming을 현재 어느 곳에 두고 있냐는 질문이 있을 수 있으니 이에 대비해야 한다(Aiming Point Marking을 기준으로 하고 있다고 하면 오답임). PAPI쪽에 Aiming을 두고 계속 Visual

App를 Flare 직전까지 유지하자.

⑨ 기타 평가항목

ATC Clearance, Standard Phraseology, G1000 Comm/NAV의 올바른 Setting 등.

제3장

제주항공

1. 필기시험

제주항공의 필기시험은 Gleim에서 발간하는 ATP(Airline Transport Pilot)에서 50~60%가 출제된다. Gleim은 매년 새로운 버전으로 업데이트되어 출간되니 반드시 최신 버전의 책을 구해서 공부해야 한다(필기시험의 경우 Gleim 최신 버전을 기준으로 출제되는 경향이 있다).

[그림 170] ATP Gleim

이외의 문제들은 제주항공에서 문제은행 형식으로 관리하며 평가를 진행하고 있으며, 내용은 사업용 조종사 수준의 지식수준으로 공부하면 된다.

1. 실속 속도에 영향을 주는 것은?

   ① 받음각, 무게, 공기밀도

   ❷ 무게, 공기 하중, 파워

   ③ 공기 하중, 받음각, 파워

2. 날개의 받음각을 변화하여 조종사는 변화시킬 수 있는 것은?

   ① 양력, 속도, CG

   ❷ 양력, 속도, 항력

   ③ 양력, 속도, 항력에는 영향이 없음

3. 언제 실속 중 회복이 어려운가?

   ❶ CG가 뒤에 있을 때

   ② Elevator Trim이 Nose down으로 수정되어 있을 때

   ③ CG가 앞에 있을 때

4. 접근과 착륙을 할 때 플랩의 역할은 무엇인가?

   ① 양력 감소, Steeper-than-normal 접근을 할 수 있게 한다.

   ② 속도 증가 없이 하강 각을 감소시킨다.

   ❸ 더 낮은 속도에서 같은 양의 양력을 발생시킨다.

5. 받음각이 직접적으로 변화시킬 수 있는 것은?

   ① 날개 아래위 공기 흐름의 양

   ❷ 날개에 작용하는 압력 분배

   ③ 날개의 붙임각

6. 항공기에서 스핀에서의 정상적인 회복이 가장 어려운 경우는?

① CG가 너무 뒤로 가 있고 세로축으로 돌 때

❷ CG가 너무 뒤로 가 있고 CG를 중심으로 돌 때

③ 실속이 완벽하게 들어가기 전 스핀이 들어갈 때

7. 이론상으로 항공기의 속도가 2배 증가했을 때, 유해항력(parasite drag)은 몇 배 증가하는가?

① 1/2배　　② 2배　　❸ 4배　　④ 3배

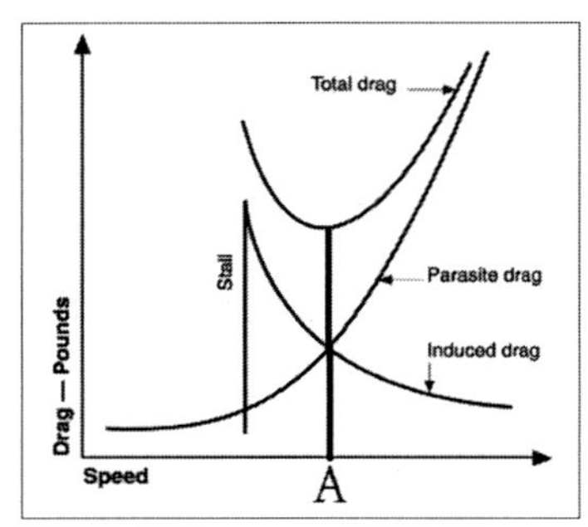

[그림 171] Parasite Drag & Induced Drag

8. A의 속도에서 수평비행을 할 경우, 조종사는 최대( )를 예상할 수 있다. ([그림 171] 참고)

① 양력 계수　　② endurance　　❸ Glide거리　　④ 양력

9. 지면효과를 벗어나는 항공기에 나타나는 현상은?

❶ 유도항력 증가, 더 큰 추력 요구

② 지면 마찰의 증가, 약간의 파워 감소가 요구됨

③ 같은 양력계수를 유지하기 위한 더 낮은 받음각이 요구됨

④ 유해항력 증가, Nose down 경향

10. 항공기의 무게가 1,500pound일 때, 60bark각으로 동고도 선회를 하면 공기 하중
    은 얼마인가?

    ① 2,000pouns   ❷ 3,000pound   ③ 3,500pound   ④ 4,000pound

11. 동고도 선회를 할 때 비행기 날개 하중은 무엇에 따라 달라지는가?

    ① 선회률   ② 진속도   ③ 지시 속도   ❹ bank각

12. 고도의 종류를 나열하고 그에 대해 설명하시오.

13. Class A 공역의 설명 중 맞은 것은?

    ① DME 장비를 갖추어야 한다.

    ② VFR-ON-TOP이 가능하다

    ❸ 계기비행만 가능하다

    ④ Class A 공역은 18,000ft 이상의 공역이다.

14. Class B 공역에 대한 설명으로 맞은 것은?

    ❶ B 공역에 입항하기 위해서는 반드시 허가(clearance)가 필요하다

    ② 계기 면장이 없으면 VFR 입항이 허용되지 않는다

    ③ 학생 조종사인 경우 솔로 비행이 금지된다

    ④ 어떠한 종류의 Transponder든 탑재되어 있으면 가능하다

15. 공역 C, D에서 2,500ft AGL미만, 4㎚ 안에서 최대 지시 속도는 얼마인가?

    ❶ 200kt   ② 230kt   ③ 250kt   ④ 270kt

16. 다음의 Climb Performance Table을 참고하여 물음에 답하시오.

CONDITIONS:
Flaps Up
Gear Up
2,500RPM
30 Inches Hg
120 PPH Fuel Flow
Cowl Flaps Open
Standard Temperature

NOTE:

1. Add 16 pounds of fuel for engine start, taxi and takeoff allowance

2. Increase time, fuel and distance by 10% for each 7°C aboce standard temperature

3. Distances shown are based on zero wind

WEIGHT LBS	PRESS ALT FT	RATE OF CLIME FPM	FROM SEA LEVEL		
			TIME MIN	FUEL USED POUNDS	DISTANCE NM
4,000	S.L.	605	0	0	0
	4,000	570	7	14	13
	8,000	530	14	28	27
	12,000	485	22	44	43
	16,000	430	31	62	63
	20,000	365	41	82	87
3,700	S.L	700	0	0	0
	4,000	665	6	12	11
	8,000	625	12	24	23
	12,000	580	19	37	37
	16,000	525	26	52	53
	20,000	460	34	68	72
2,400	S.L	810	0	0	0
	4,000	775	5	10	9
	8,000	735	10	21	20
	12,000	690	16	32	31
	16,000	635	22	44	45
	20,000	565	29	57	61

　다음과 같은 상황에서 정상 상승을 할 경우, 압력 고도 8,000ft까지 상승하는데 소요되는 시간은?

Airport pressure altitude 4,000ft
Temperature at 4,000ft - 14℃

① 4.8분　　❷ 5.5분　　③ 5분　　④ 6.2분

17. Power required와 Power available의 차이가 가장 많이 나는 지점의 속도는?

① Vx　　❷ Vy　　③ Va　　④ Vmc

18. Thrust required와 Thrust available의 차이가 가장 많이 나는 지점의 속도는?

❶ Vx　　② Vy　　③ Va　　④ Vmc

19. Hyperventilation의 증상인 것은?

① 호흡 속도 감소　　❷ Drowsiness　　③ Euphoria　　④ Cyanosis

20. DECIDE 모델은 비행 중 올바른 판단을 하는 데 도움을 준다. 이 단계가 맞은 것은?

① Determine, evaluate, choose, identify, do and eliminate

❷ Detect, estimate, choose, identify, do and evaluate

③ Determine, eliminate, choose, identify, detect and evaluate

④ Detect, estimate, choose, identify, do and eliminate

21. Runway가 넓을 때는 낮게 느껴져 높게 접근하게 된다. 이와 비슷한 시각 착각을 주는 경우는?

① 좁은 runway　　② upslope runway　　❸ downslope runway

22. 다음 metar code 중 연결이 잘못된 것은?

① AO2: Precipitation의 종류를 파악 가능한 자동 기기 사용하여 무인관측

② SLP188: Sea level pressure 1018.8

③ T00191014: 온도- 영상 1.9도 이슬점-영하 1.4도

❹ PRESFR: Pressure rising rapidly

23. VOR상공 약 6,000ft에 있을 경우 DME 거리는 몇을 가리키나?

① 1.3　　❷ 1　　③ 2　　④ 0

24. ADF의 상대방위각(relative bearing)이 5분이 경과하면서 265도에서 255도로 바뀌었다. 만약 ground speed가 120knots라면 기지까지의 거리는 얼마가 되는가?

① 30nm　　② 40nm　　③ 58nm　　❹ 60nm

25. 71. VOR 기지로부터 60mile 떨어진 곳에서 CDI가 5분의 1의 deflection을 지시하고 있다. 이것은 대략 course centerline에서 얼마나 벗어나 있음을 알려주는가?

① 6mile　　❷ 2mile　　③ 1mile　　④ 1.5mile

26. VOR기지의 250도 래디얼상에서 inbound로 track 하기 위해 OBS는 어떻게 맞추어야 하는가?

① 250도로 맞추고 CDI 바늘 쪽으로(toward) heading 수정을 한다.

② 250도로 맞추고 CDI 바늘 반대쪽으로(away) heading 수정을 한다.

❸ 070도로 맞추고 CDI 바늘 쪽으로(toward) heading 수정을 한다.

(주관식)

1. 공기 밀도에 영향을 미치는 중요 요소 3가지는?

- Temperature, pressure, humidity(습도).

2. Washout Design에 대해 설명하시오.

- Wing root의 AOI(Angle of Incidence)가 Wing tip의 AOI보다 커 Wing tip vortices가 적게 발생한다.

3. 유도항력(induced drag)에 대해 설명하시오.

- 양력 발생 시 항상 발생하는 항력.

4. 양력 공식을 이용하여 양력에 영향을 주는 요소를 설명하시오.

$$- Lift = \frac{C_L \cdot \rho \cdot V^2 \cdot S}{2}$$

- CL:양력계수, ρ:공기밀도, V:속도 S:날개 면적
- 속도 증가, AOA 증가, 날개 면적 증가(Folwer나 flap이 있는 경우)로 양력을 증가시킨다

5. Slow Flight(저속비행)과 Climb(상승) 시 비행기에 미치는 4가지 힘의 방향을 그리시오.

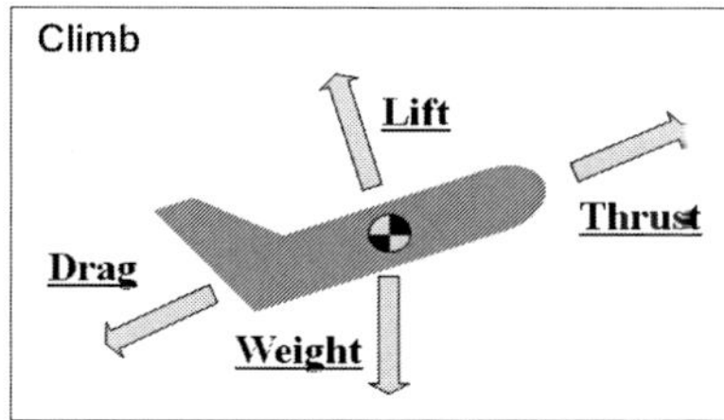

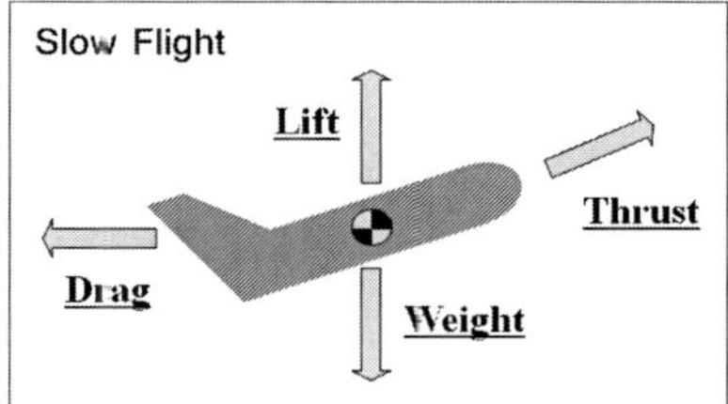

6. 지면효과에 대해 설명하시오.

- 지면이 날개 공기 흐름인 upward, downwash, wing tip vortices를 감소시켜 지면효과가 일어나는 곳에서 필요 추력이 감소하고 양력계수가 증가함

7. Va에 대해 설명하시오.

- Maneuvering Speed, 갑작스러운 기동을 했을 때 비행기의 파손 없이 기동할 수 있는 최대 속도 Va 아래에서는 실속이 먼저 오고, Va 위에서는 비행기 파손이 먼저 일어난다.

8. Wing tip Vortices가 최대가 되는 상태를 기술하시오.

- 이륙이나 상승할 때로 무게가 무거울 때, 속도가 느릴 때, 받음각이 클 때.

9. 속도가 일정할 때, Bank 각이 커지면 Rate of turn과 Radius of turn은 어떻게 변하는가?

- Bank 각 증가, Rate of turn 증가, radius of turn은 감소.

10. 고도의 종류를 나열하고 그에 대해 설명하시오.

- Indicated altitude, True altitude, Absolute altitude, Pressure altitude, Density altitude.
- 『조종사 교과서 1』, p. 145, 146 참고.

11. Active runway로 진출 시, ILS critical area를 클리어하라고 지시받았다면 어떤 표시 앞에서 정지하여야 하는가?

12. 'R140'이 의미하는 공역과 그 공역의 범위는?

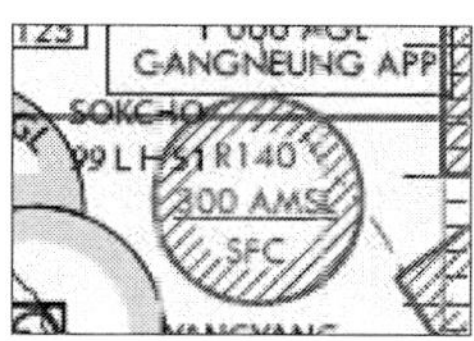

- Restricted, Ground~500ft above mean sea level

13. Hypoxia가 무엇이며 Hxpoxia 증상이 나타나면 어떻게 대처해야 하는가?

- 몸속의 충분한 산소가 없는 경우를 말한다. 고도를 낮추며 산소호흡기를 이용하여 산소를 공급한다.

14. CAVOK과 NIC의 의미와 차이점을 기술하시오.

- CAVOK: 시정 10㎞, 5,000ft AGL 혹은 MSA 아래의 구름이나 특이한 기상 상황이 없을 때.

- NIC: 시정 조건 없음, 5,000ft AGL 혹은 MSA 아래의 구름이나 특이한 기 상상황이 없을 때.

2. 실무면접 기출문제

　　실무면접에서 면접관은 보통 4명(인사팀장 1명, 훈련팀장 2명, 승무팀장 1명)으로 구성되며, 한 번에 지원자 2명을 30분 동안 면접하는 형태이다. 일반면접 질문과 더불어 항공지식에 관한 질문이 이어진다.

1. 자기소개(1분)

2. 지원동기

3. 이전 직장 경험과 관련된 질문

4. 비행을 포함하여 인생에서 가장 힘들었던 순간은?

5. 여성 조종사에 대하여 어떻게 생각하는가?

6. 제주항공만의 장점은 어떤 것들이 있을까?

7. 대학전공을 어떻게 선택하게 되었는가?

8. CRM(Crew Resource Management)에 대해 어떻게 생각하는가?

9. 비행 중 기장과 의견충돌이 있을 때 어떻게 대처할 것인가?

10. 왜 조종사가 되려고 하는가?

11. 조종사로서 지녀야 할 책임감에 대해 말해보시오

12. 관제사, 운항관리사, 정비사 등 항공 관련 자격증의 경우 관련 질문(항공 관련 자격증 소지자를 우대해주는 경향이 있음)

13. CAT-I에 대해서 영어로 설명하시오.

- Category I instrument Approach is any authorized precision or non-precision instrument approach which is conducted with a minimum height for IFR flight not less than 200ft(60 meters) above the touchdown zone and a minimum visibility/RVV not less than 1/2 statue mile or RVR 1,800ft

14. 대체공항 선정에 대하여 영어로 설명하시오.

- Alternate airport means an airport at which an aircraft may land if landing at the intended airport become inadvisable. In such case, either regular airport, refueling airport or provisional airport can be used as an alternate airport. However, the airport which is designated to be an alternate airport shall not have been planned as the initial destination airport.

15. 이륙교체비행장에 대해서 영어로 설명하시오.

- The takeoff alternate is required if the weather at the departure airport is below landing minimums(ie. you can takeoff but not land). In this case, a suitable airport meeting the above stated weather minimums must be available within 1 hours flight time with an engine failed.

16. V1 Speed를 영어로 설명하시오.

- Critical engine failure speed or decision speed. Engine failure below this speed shall result in an aborted takeoff; above this speed the takeoff run should be continued.

17. ILS 정보에는 어떤 것이 있는가?

- 거리정보: Marker Beacon, DME.

- 유도정보: Localizer, Glide Slope.

- 시각정보: ALS, TDZL/CL.

18. 1. Sterile cockpit 절차는 무엇을 말하는가?

- The sterile cockpit rule is an FAA regulation requiring pilots to refrain from non-essential activities during critical phases of flight, normally below 10,000ft

19. Legal reserve fuel에는 어떤 것들이 있는가?

- Contingency fuel, alternate fuel, holding fuel.

20. Emergency 상황에서의 대처순서는?

- Aviate(비행조종 먼저), Navigate(다음에 항법), Communicate(마지막에 ATC 에 보고)

21. ETOPS(Extended-range Twin-engine Operational Performance Standards)란 무엇인 가?

- Non-ETOPS: ETOPS를 설명하려면 먼저 그 반대 개념인 Non-ETOPS를 먼 저 알아두는 것이 이해에 도움이 된다. 쌍발 항공기가 운항 도중 한쪽의 엔 진이 고장 났을 때는 남은 한 개의 엔진만을 사용해 대체공항으로 가야 한 다. 그래서 항로에서 한 개의 엔진만으로 순항하여 갈 수 있는 거리 안에 대 체공항이 들어오도록 항로를 설정해야 하는데 이를 Non-ETOPS라고 한다.

- Non-ETOPS와 반대되는 개념인 ETOPS는 한 개의 엔진만으로 갈 수 있는 범위를 초과하여 항로를 설정할 수 있게 해준다. 대체공항과 특정 거리를 유지해야 하는 제한에서 벗어나 더 짧은 비행경로를 가능케 함으로써 좀

더 효율적인 운항을 가능케 하는 것이다(아래 그림 참고).

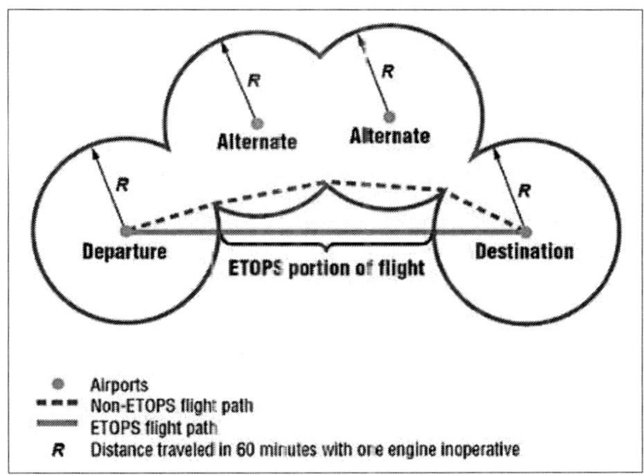

- 보통 쌍발비행기는 ETOPS-60(60분), 3발 이상인 항공기는 ETOPS-180(180
분)의 비행시간을 기준으로 한다.

    임원면접에서 면접관은 2명(운항본부장, 경영본부장)으로 구성되며, 실무 면접과 마찬가지로 2명의 지원자를 대상으로 30분간 이어진다. 항공지식에 관한 질문은 없으며 일반면접 질문만 이어진다.

1. 자기소개
2. 체력관리를 위해 꾸준히 하는 운동이 있는가?
3. 남들과 차별화할 수 있는 본인만의 장점이 있다면?
4. (비행 교관으로 근무한 경험이 있는 지원자에게) 비행 교관으로서 학생에게 교육할 때 무엇을 강조하는지?
5. 항공사 지원은 이번이 처음인가? 처음이 아니라면 이전에 타항공사 지원에서 탈락한 이유는 무엇인가?
6. 군경력에 관한 질문
7. 인생에서 가장 힘들었던 적에 대해 이야기해 보시오.
8. 비행하면서 있었던 에피소드를 이야기해 보시오.
9. 우리 회사는 저비용 항공사인데, 메이저급 항공사와 어떤 차이가 있을지 솔직히 말해보라.
10. 본인이 면접관 입장이라면 둘 중에 누구를 뽑겠는가?
11. 비행 중 기장이 비행을 잘못하고 있다면 어떻게 대응하겠는가?
12. 최근에 읽은 책이 있는가?

13. 스트레스를 해소하는 방법은?

14. 본인 성격의 장단점에 대해 달해보시오.

15. 비행 중 비상상황에 첫해본 적이 있는가?

16. 가족 소개를 해보시오.

17. 별명은 무엇인가?

1. 간단한 자기소개

2. 자기소개에 관련된 내용이 프리 토킹 형식으로 이어짐

3. 마지막으로 면접관님께 하고 싶은 질문 1~2개 하기

5. SIM 평가

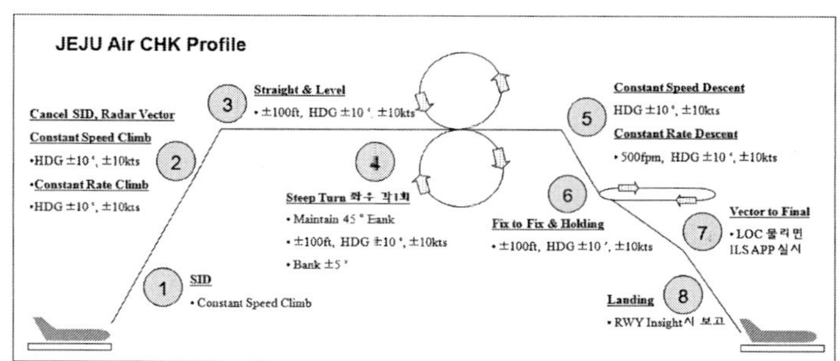

1. 활주로 정대한 후 SID를 따라 이륙, Takeoff 후 Cancel SID를 바로 실시하며 Radar Vector가 주어짐

2. 정속/정률 상승으로 CLIMB 지시

3. 3,000ft에서 Level

4. Level 후 360°로 45°Bank Steep turn 실시(좌우 각 1회)

5. 이후 다시 Radar Vector, 정속/정률 하강 실시

6. Fix-to-Fix를 활용해 Holding fix를 찾아간 후, Holding(As Published) 실시

7. ILS Approach 실시. Level 비행으로 일정고도(3,000ft) 유지하며 VECTOR TO FINAL로 접근하다가 Localizer 물리면 강하하여 접근하도록 지시

8. 스크린을 구름 속으로 묘사시키고 활주로 보이면(Insight) 보고하라고 지시

9. Landing

[그림 172] RMI를 HSI에서 구현한 모습

제주항공 입사시험에서 중요하게 다루어지는 Fix-to-Fix는 공군에서 많이 이용되는 항법으로 RMI(Radio Magmetic Indicator)를 활용한다.[24] 비행 중에 조종사의 빠른 머리 회전을 요하는 작업이므로 Disorientation에 빠지기 쉬워 항공사 SIM 평가에서 단골로 출제되는 유형 중의 하나이다.

<u>- Fix-to-Fix 항법이란?</u>

군 ATC에서는 아군기 근처의 VOR을 중심으로 Radial과 DME 거리로 적기가 있는 지점을 알려준다. 그러면 아군기는 VOR로부터의 자신의 위치를 확인한 뒤 적기가 있는 지점으로 Heading을 돌려 요격 작전을 펼치는 식이다. Fix-to-fix 항법의 자세한 내용은 아래와 같다.

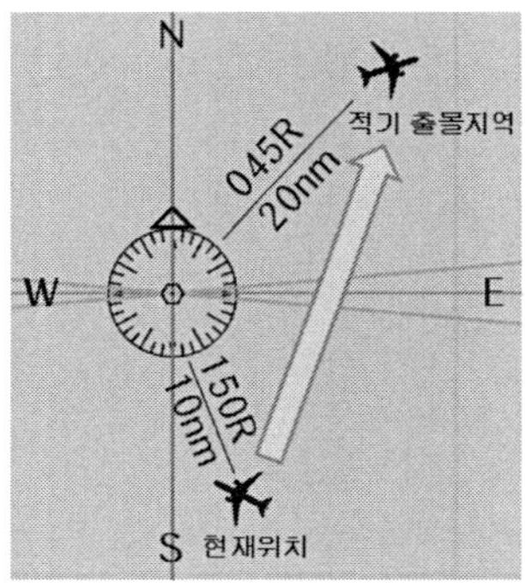

[그림 173] Radial을 이용한 Fix-to-Fix 항법 설명

---

24 『조종사 교과서 1』, p. 185 참고.

- Fix-to-Fix 예제 1)

예를 들어서 [그림 4]와 같이 항공기가 ABC VOR의 150Radial 10㎚ 지점에 있다고 가정하자. 이때 ATC에서 적기 가 있는 045Radial 20㎚ 지점(Fix)으로 가라고 지시했을 때, Fix-to-Fix 항법을 이용해 어느 방향으로 HDG을 돌려야 할까? [그림 4]에서 간략한 지도를 활용해서 보았을 때는 NE(북동쪽)으로 HDG을 틀어야 한다. 하지만 비행 중에 머릿속으로 위와 같은 지도를 완벽히 그려내기는 어려우니 다음과 같은 Rule of Thumb을 이용하는 것이 좋다.

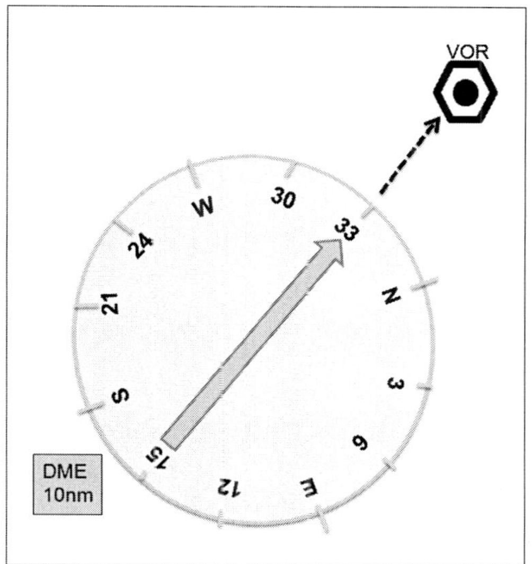

[그림 174] 현재 위치에서의 RMI 화살표와 DME

우선 HSI(Horizontal Stuation Indicator[25](주석)에는 RMI화살표와 DME가 [그림 5]와 같이 표시될 것이다. 현재 ABC VOR로부터 150Radial에 있으니 화살표의 뒤꼬리가 150°에 있을 것이고, DME 거리는 10㎚가 표시될 것이다.

---

25 『조종사 교과서 1』, p. 184 참고.

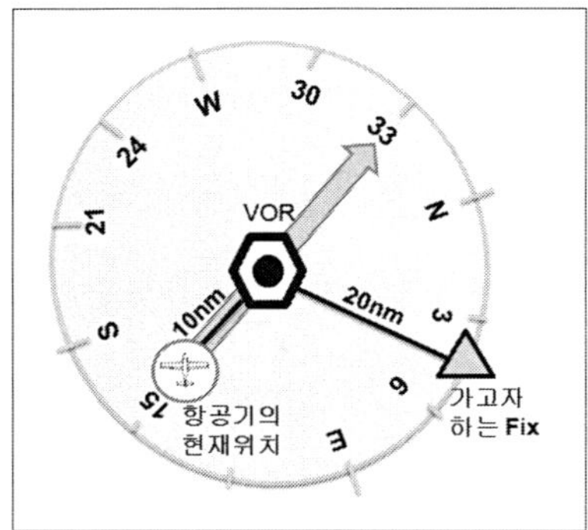

[그림 175] HSI에 상상의 그림을 그린 모습

이때 조종사는 상상을 더해서 HSI 위에 VOR을 중심으로 하는 하나의 지도를 머릿속으로 그리는 것이다. VOR로부터 150Radial 연장선상의 가운데(10㎚는 20㎚의 절반이므로)에 항공기를 놓고, 가고자 하는 Fix는 045Radial의 끝(20㎚는 10㎚의 두 배이므로)에 놓는 것이다.

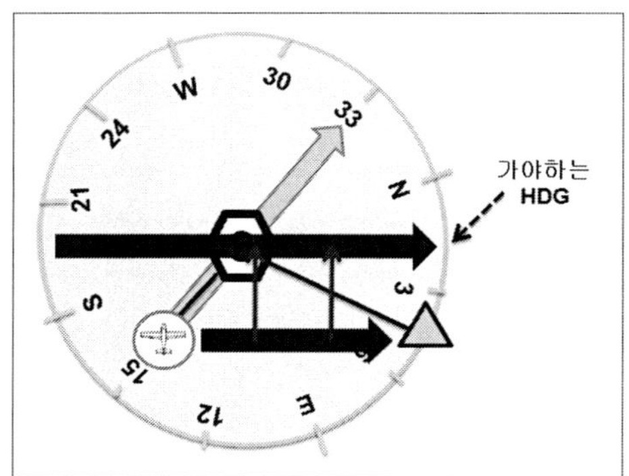

[그림 176] 상상의 지도에서 대략적인 HDG을 얻은 모습

[그림 175]에서 상상해둔 자신의 항공기의 위치와 가고자 하는 Fix를 이은 선을, [그림 176]처럼 HSI의 중심(VOR의 위치)을 지나도록 평행하게 옮겨놓으면 가야 하는 HDG을 얻을 수가 있다. [그림 176]에서는 HDG값이 약 020°인 것으로 계산되었으므로, Turn을 하여 HDG 020°으로 놓고 쭉 직진하면 원하는 045Radial 20㎚ 지점에 도달할 수 있다. [그림 4]에서는 NE(북동쪽)이라는 대략의 방위를 얻어낸 데 비해 Fix-to-Fix에서는 HDG 020°라는 보다 정확한 값을 알아낸 것이다.

- Fix-to-Fix의 반복

Fix-to-Fix 항법은 얻은 HDG으로 진행하되, 거리가 좁혀짐에 따라 같은 Fix-to-Fix 방식으로 새로운 HDG을 반복하여 계속 얻어내야 한다. 눈대중으로 얻은 HDG이기 때문에 방위가 몇도 다를 수도 있고, 바람의 영향으로 인해 살짝 틀어진 방향으로 항공기가 나아갈 수도 있기 때문이다. 따라서 가고자 하는 Fix를 향해 가면서 Fix-to-Fix를 두세 번 정도 더 수행해주는 것이 좋다.

- Fix까지 떨어진 거리

Fix-to-Fix 항법을 이용하면 가고자 하는 Fix까지의 거리도 알 수 있다.

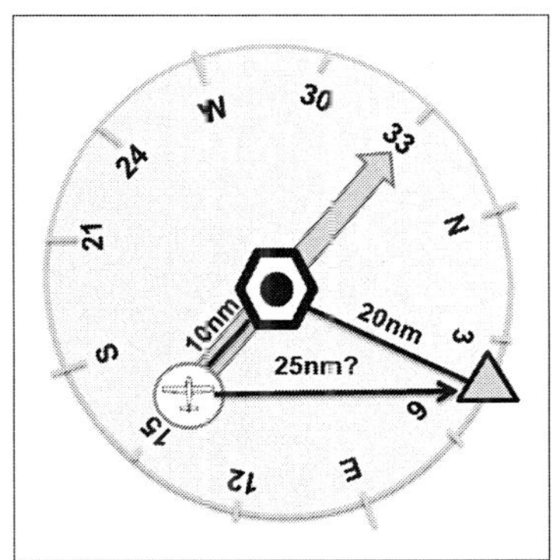

[그림 177] 가야 하는 거리 측정

[그림 177]에서 자신의 항공기의 위치와 가고자 하는 Fix를 이은 선의 길이를 확인해야 한다. [그림 177]에서 얼핏 보기에 VOR과 Fix와의 거리인 20㎚보다는 길어 보이는 것을 알 수 있다. 눈대중으로 대충 보았을 때 약 25㎚인 것으로 추측할 수 있다.

- Fix까지 걸리는 시간

> • **Ground Speed 분당 거리**
> 60 KTS 1nm/min
> 90 KTS 1.5㎚/min
> 100 KTS 1.6㎚/min
> 120 KTS 2㎚/min

<표 32> GS와 분당거리

Fix까지 도착하는 데에 걸리는 시간은 분당거리(㎚/min)을 이용하면 쉽게 구할 수 있다. 만약 자신의 항공기가 Ground Speed 120KTS로 순항 중이라면 앞서 구한 거리인 25nm를 분당거리인 2㎚/min으로 나누어 주면 된다. 그러면 약 12.5분이 걸리는 것을 알 수 있다.

- Fix-to-Fix 예제 2)

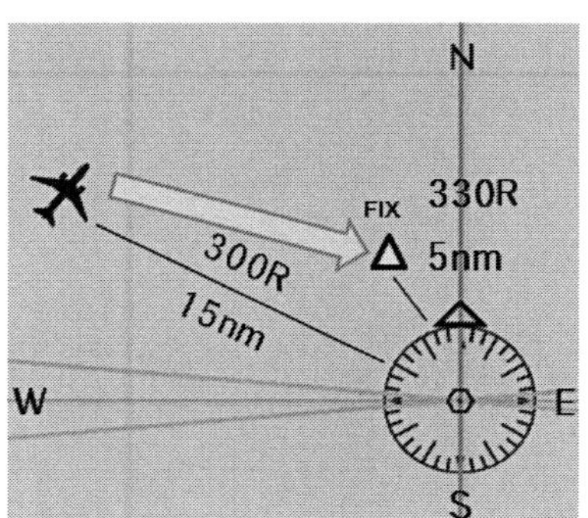

[그림 178] Radial을 이용한 Fix-to-Fix 항법

이번엔 반대로 자신의 항공기가 VOR로부터 더 멀리 떨어져 있고, Fix는 VOR과 가까이에 있다고 가정하자.

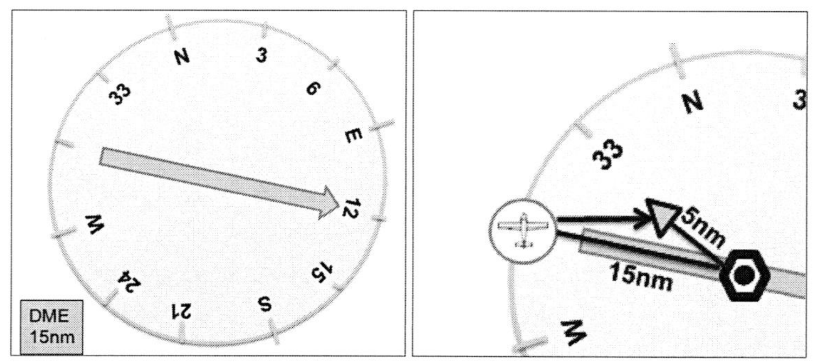

[그림 179] 항공기의 RMI와 상상의 그림을 그린 모습

항공기가 300Radial 15DME에 위치해 있으므로 항공기의 RMI 화살표의 꼬리는 [그림 179]처럼 300°를 나타낼 것이고 DME는 15㎚를 표시할 것이다.

여기서 VOR을 중심으로 하는 하나의 지도를 머릿속으로 연상하여 VOR으로부터 300Radial 연장선상 끝에 자신의 항공기를 놓는다(VOR로부터 항공기의 거리가 VOR로부터 Fix까지의 거리보다 먼 경우이그로). 그리고 Fix는 330Radial 선상에서 15㎚의 1/3 수준(5㎚)인 부근에 Fix를 놓는다.

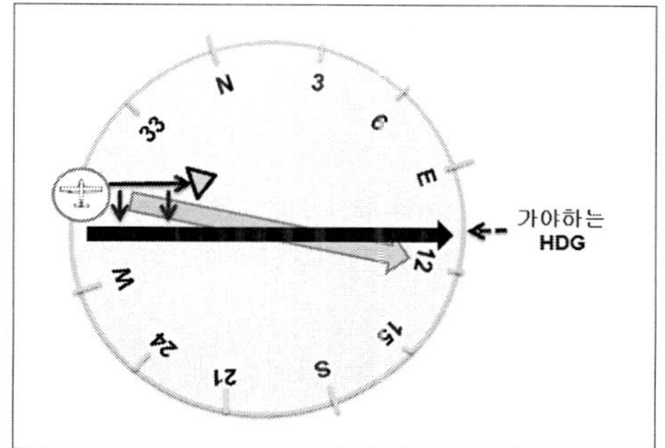

[그림 180] 상상의 지도에서 대략적인 HDG을 얻은 모습

마지막으로 가야 하는 루트가 VOR을 지나도록 평행하게 HSI의 중심으로 가져다 놓으면 가야 하는 HDG(약 110°)을 구할 수가 있다.

– Fix-to-Fix 예제 3) – 제주항공 기출문제

이번에는 마지막으로 Fix-to-Fix에서 가장 어려운 문제인 VOR을 가로질러 Fix를 찾아가는 방법을 알아보자. 선을 그리기가 약간 까다로운 만큼 제주항공 SIM 평가에서 가장 많이 기출되는 문제이다.

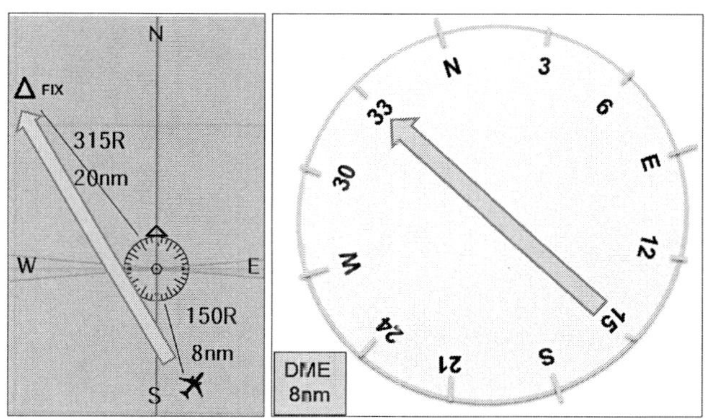

[그림 181] Radial을 이용한 Fix-to-Fix 항법

우선 다음과 같은 상황을 가정하자. 현재 항공기가 150Radial 8DME에 있으며 가고
자 하는 Fix 위치는 315Radial 20DME이다. 익숙하지 않은 Fix-to-Fix라고 해서 당황
하지 말고 차근차근 HSI에 가상의 지도를 그려보도록 하자.

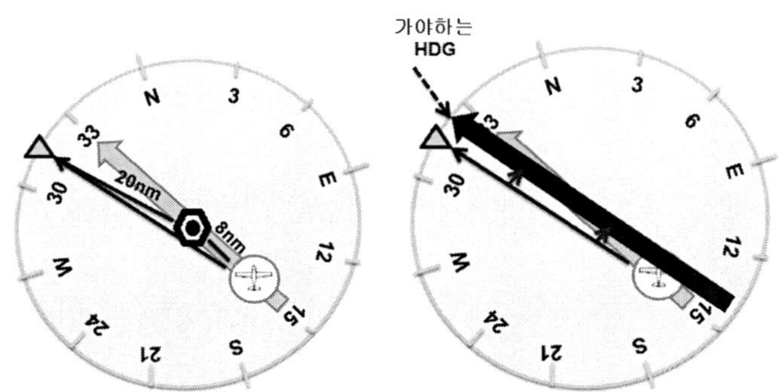

[그림 182] HSI에 상상의 그림을 그린 모습

별다를 것 없이 같은 방식을 이용해 HDG를 구하면 되지만 막상 익숙하지 않은 계산
이라 처음 해보는 사람은 당황하기 마련이다. 게다가 그것이 비행 중이었거나 SIM 평
가 자리였다면 Disorientation에 쉽게 빠져들어 간단한 계산에서조차 낭패를 보기
쉽다. Fix-to-Fix는 군(軍)뿐만 아니라 민간 항공사에서도 조종사가 Distraction에 얼
마나 취약한지 평가하는 항목으로서 제법 많이 쓰이니 반드시 익혀두어야 한다.

열정은 넘치지만 방법을 몰라서 길을 잃는 학생 조종사들이 많습니다. 이러한 분들을 위해 올바른 길을 제시하는 나침반과 같은 도움을 드리고자 『조종사 교과서』 시리즈를 출판하게 되었습니다.

학습에 관한 정보는 모두에게 공유되어야 합니다. 지식이 특히 안전과 직결되는 사안이라면 더욱더 그러합니다. 지식의 접근이 특정 집단, 특정 학벌에 집중되고 일반인에게는 차단될 때, 그것은 또 하나의 이익집단화를 낳습니다. 이러한 학습환경에서는 노력하지 않은 실력 없는 학생이 선배로부터 내려오는 족보만 달달 되워서 손쉽게 항공사에 합격하는 불상사가 생기기 마련입니다.

노력을 더 많이 하는 자가 열매를 얻을 수 있을 때, 정의로운 사회가 시작된다고 믿고 싶습니다. 조종 지식을 특정 이익집단(Inner Circle) 안에서만 숨기면서 같은 학교 출신들끼리만 돌려보는 행위는 옳지 않습니다. 학습에 관한 모든 정보는 평등하게 공개되어야 그 가치가 더 빛나는 법입니다. 『조종사 교과서』 시리즈의 독자분들은 이러한 불이익을 당하지 않았으면 좋겠습니다.

*

공자님이 쓴 『논어(論語)』를 보면 사(使)와 야(野)의 개념이 나옵니다. 사(使)는 글의 내용보단 아름다운 표현을 중시하는 것을 뜻하고, 야(野)는

표현보단 알맹이 있는 내용을 중시하는 것을 뜻합니다. 공자님은 사(使)
보다는 야(野)가 낫다고 했습니다. 이러한 공자님의 말씀에 따라 이 책에
서도 내용을 중시하는 야(野)에 충실하도록 노력했습니다. 화려하고 장
식적인 문체보다는 합리적이어서 독자분들이 쉽게 이해하고 응용할 수
있게 했습니다. 거칠고 직설적인 문체를 감수하더라도 독자분들께 전달
하고자 하는 뜻을 온전히 새기는 데 집중했습니다.

*

이 책을 통해서 하늘로 가려는 당신이 성공하는 데 조금이라도 도움
이 되기를 기원하겠습니다. 그럼, 하늘에서 만납시다.

하늘을 꿈꾸는 사람들 올림